玩法

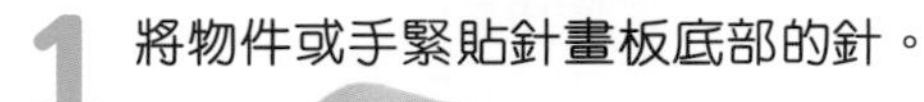

1 將物件或手緊貼針畫板底部的針。

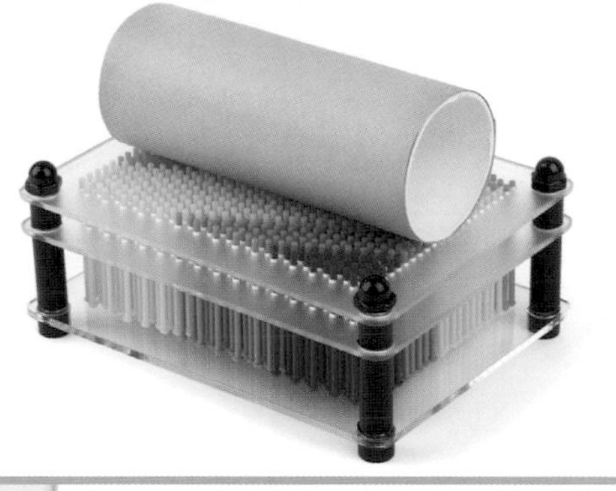

2 將針畫板連物件以 180 度反轉，物件保持緊貼針畫板。

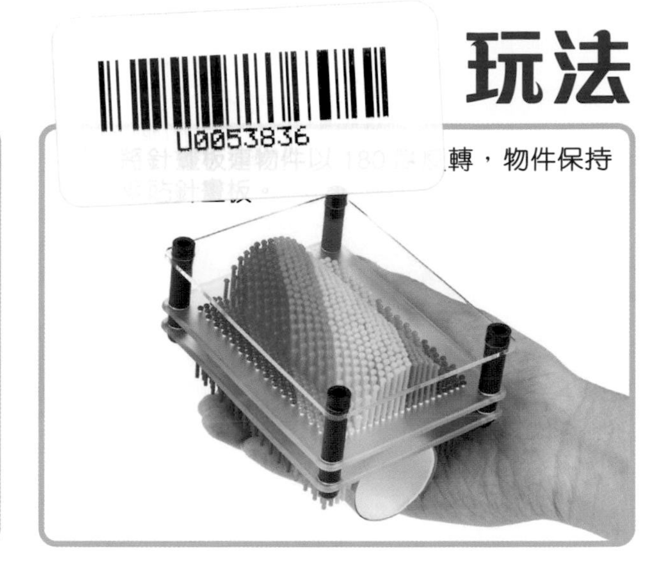

3 慢慢將針畫板連物件直立，然後小心取走物件。

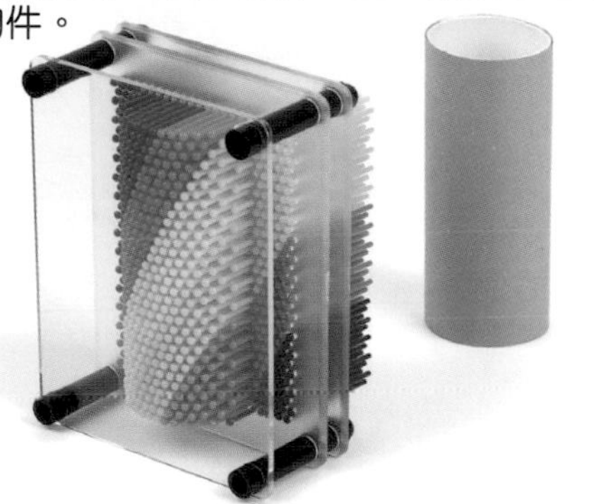

也可直接用物件從底部將針往上推，但要小心用力，避免把針壓彎。

針畫板？
沒聽過呢。

顧名思義，這是一種利用一排排幼針來製造立體成像效果的藝術呢。

針畫板簡介

針畫板面世只有數十年。它是由美國藝術家華特・弗萊明（Ward Fleming）於 1987 年取得專利的辦公室玩具，同時也可視為一種現代藝術。

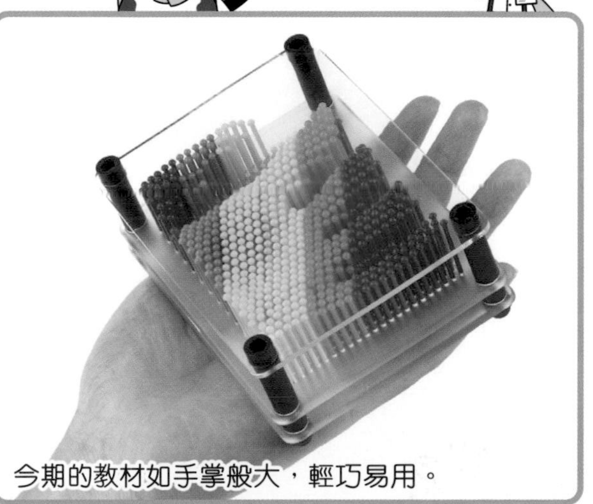

今期的教材如手掌般大，輕巧易用。

有些固定的針畫板則有一個成人般大。

針畫作品廊

嘗試用不同物件來製作針畫，當中可能會有意想不到的效果呢！你猜到右頁的針畫，是用了以下哪些原物製作的？

原物

玩具的功用

人們以玩具玩遊戲時，可自然地發揮想像，鍛煉認知能力，並逐漸學會溝通技巧及發掘自己的興趣，亦有減低壓力的效果。

看着針畫各種變化，不知為何心情變得輕鬆下來～

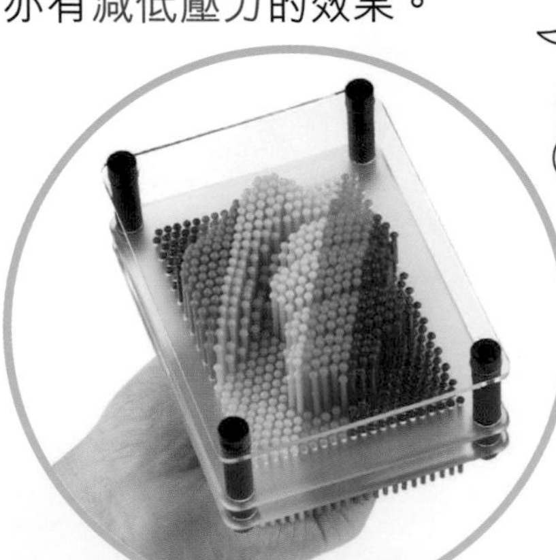

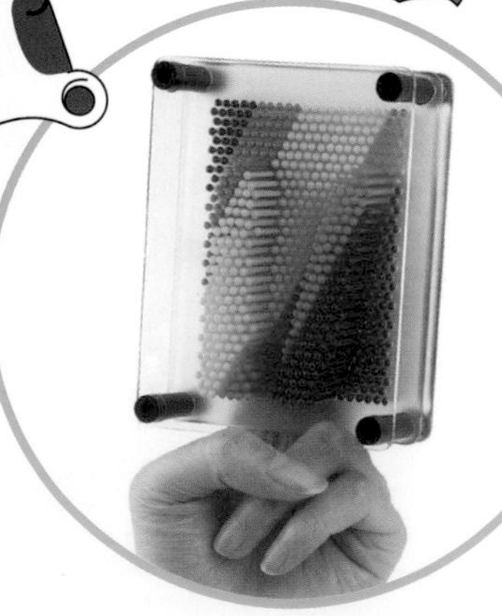

◀▲針畫板因其視覺效果較簡單及有規律，可將人從花巧多變的外界刺激解放出來，並帶來平靜的感覺，從而減壓及激發創意。

針畫

1

2

3

4

5

答案 1:C 2:E 3:A 4:B 5:D

遊戲也可用於治療？

遊戲治療是一種輔導或心理治療的方式，用於幫助在社交、情緒、學習或行為上受困擾的兒童。他們可透過玩具及遊戲，再配合與遊戲治療師的互動，從而培養適當表達情緒的能力、自我控制的能力、增強自信、解難、溝通能力等。

▶相片中的烏克蘭兒童正參與一個遊戲治療。他們跟許多其他烏克蘭兒童一樣，在俄烏戰爭中失去安全穩定的成長環境、甚至可能失去父母或親人，因此感到困擾，甚至帶來心理問題。遊戲治療正是為他們排解心理問題的一個方法。

特定圖案製作

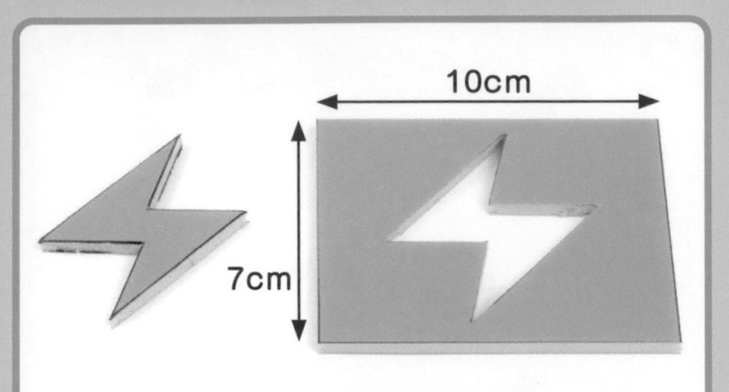

在一塊硬卡紙或塑膠板上畫出一個 7cm x 10cm 的長方形區域，設計圖案並剪出來。

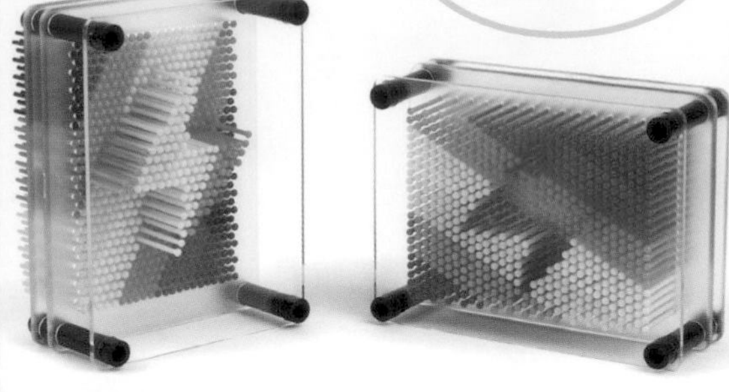

同一圖案的凸出與凹陷的效果大有不同。

聚點成圖 —— 像素

這種用顏色點成像的方法，主要用於數碼影像的成像。

如果用放大鏡將手機或電腦螢幕放大來看，就會看到一個個顏色點。這些顏色點就是像素，亦即組成影像最基本的元素。

LED 螢幕的顏色看似千變萬化，但其實當中只有紅綠藍三色，最多是光暗深淺不同而已！

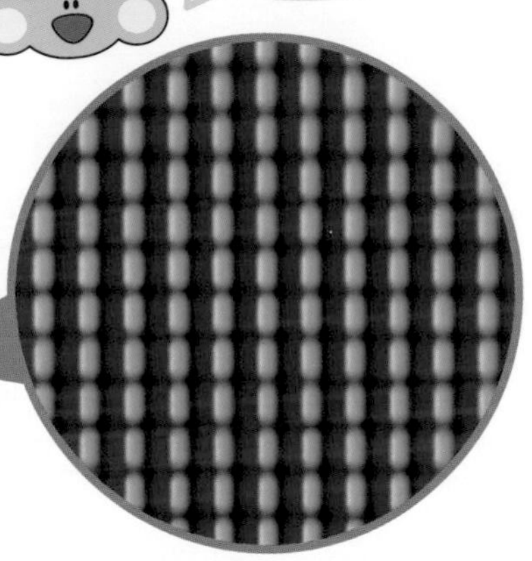

▲如果將這些像素再放大，就會看到紅綠藍三色的 LED 燈。

容易受騙的眼睛

人眼看得到顏色，是視網膜上大約 700 萬個視錐細胞的功勞。它們的模樣像個錐型，分為三種，每種對某一特定顏色的光反應最大，對其他光的反應則較小：

S - 視錐細胞
對藍色光等短波長（Short wavelength）的光反應最大。

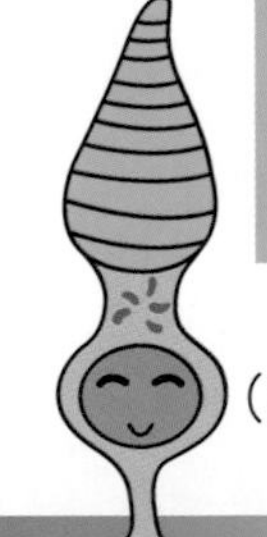

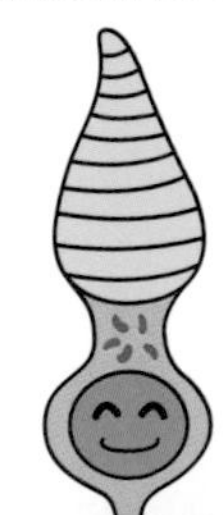

M - 視錐細胞
對綠色光等中波長（Medium wavelength）的光反應最大。

L - 視錐細胞
對黃色等長波長（Long wavelength）的光反應最大。

反應程度

當我們看到一件黃色的物件時，M 及 L 視錐細胞都會有反應：

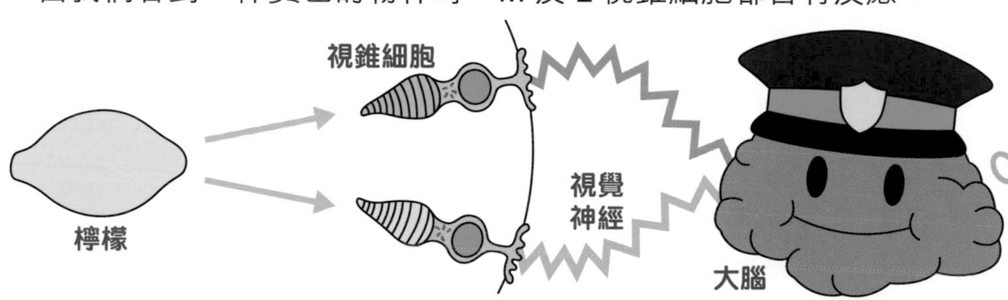

大腦就像總司令，負責分析眼球傳來的訊號。

然而，LED 螢幕上的綠燈和紅燈都可分別令 M 和 L 視錐細胞有反應，此反應跟看到黃色時一樣：

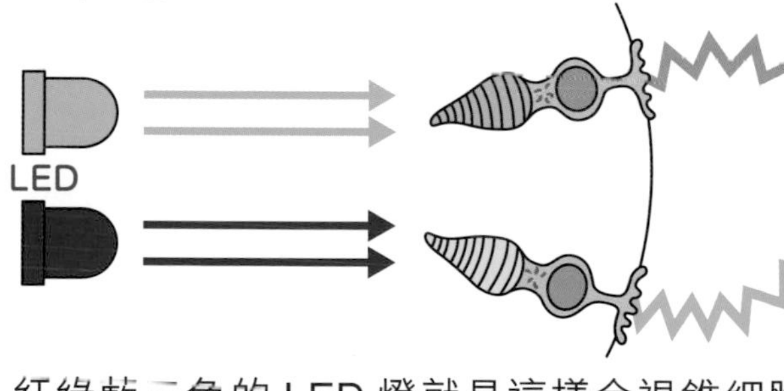

紅綠藍三色的 LED 燈就是這樣令視錐細胞產生不同反應。每種反應都對應一種顏色，使大腦誤以為看到該種顏色。

將顏色點以特定排序放在一起，就可拼合出圖案。一般來說，像素愈小和愈密，就能達到更高的解像度，排出來的影像就愈細緻。

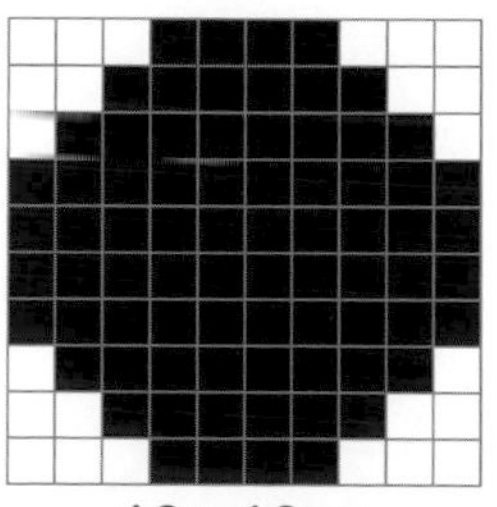
10×10px

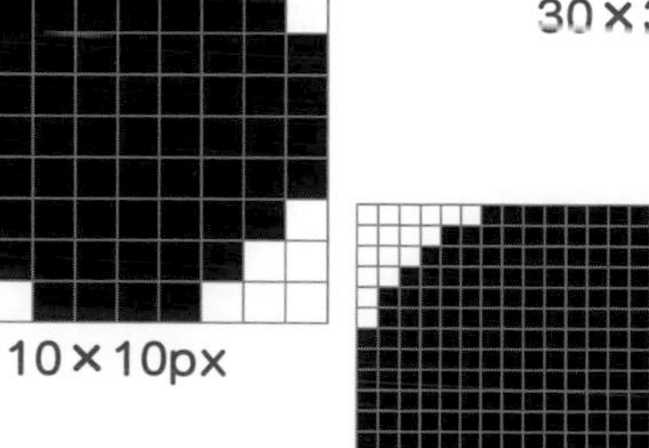
20×20px

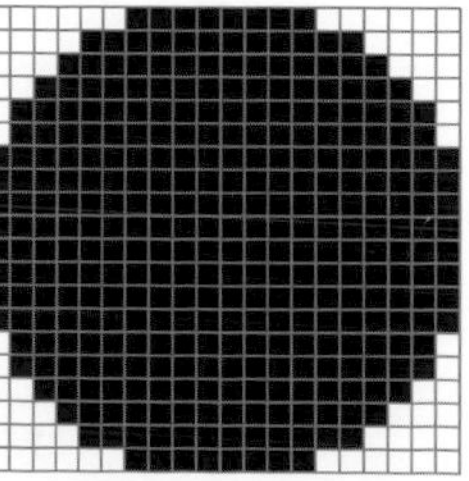
30×30px

▲隨着像素愈來愈細小，肉眼無法分清每個像素，於是誤以為真的看到曲線。

針畫板上，每個針頭充當一個像素。雖然肉眼能分辨每個針頭，不過大腦能自動補上一條無形邊界，令人覺得針頭組成了某個圖案。

此外，每枝針升高的程度不一，其光暗差異更令人覺得針畫板上的影像較立體。

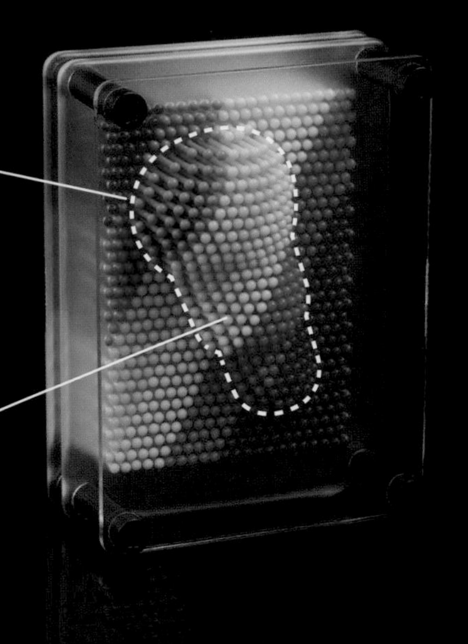

令影像變得立體的方法

要令物件看似立體，就須先知道人們如何分辨立體和平面。

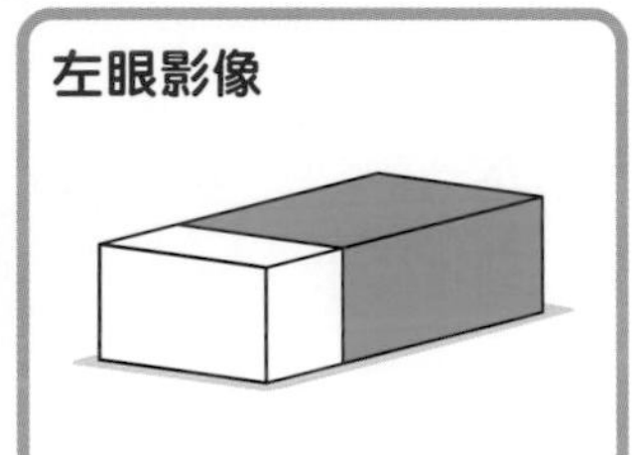

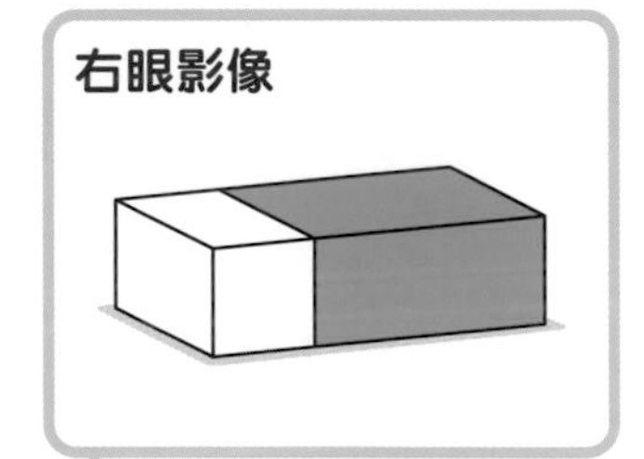

▲來自物件的光線分別進入雙眼，每隻眼睛看到的只是平面影像。但由於雙眼的位置各異，跟物件的距離及角度都不同，所以左眼和右眼所看到的平面影像必會有差異。

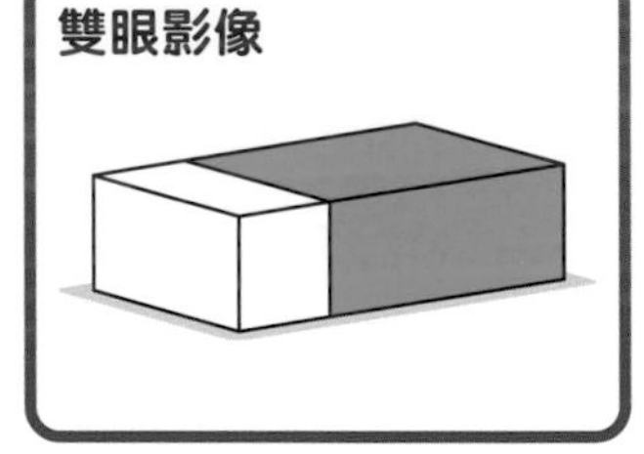

大腦將這些差異整合處理，成為我們最終看到的影像。這幅影像跟雙眼所見的不同，顯得有立體感，這樣人們才可判斷跟物件的距離。

立體眼鏡

這種眼鏡可用來觀看一個特殊處理過的平面畫面，令人覺得畫面中的事物都是立體的。

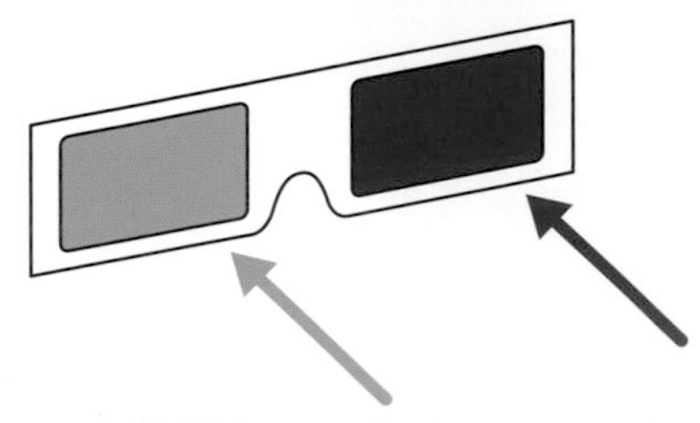

▲一些立體眼鏡兩邊的鏡片顏色不同，可過濾不同顏色。

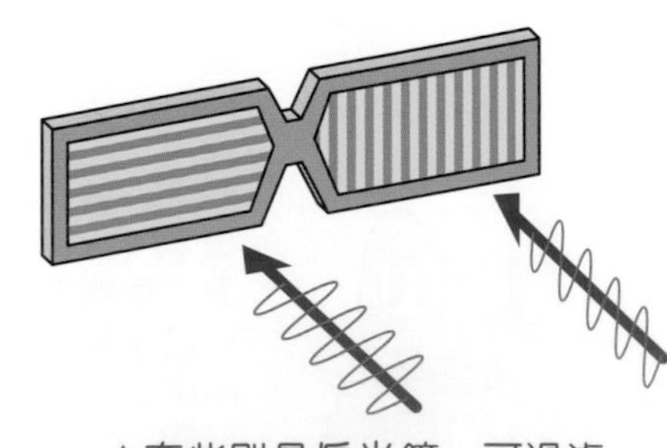

▲有些則是偏光鏡，可過濾振動方向不符的光線。

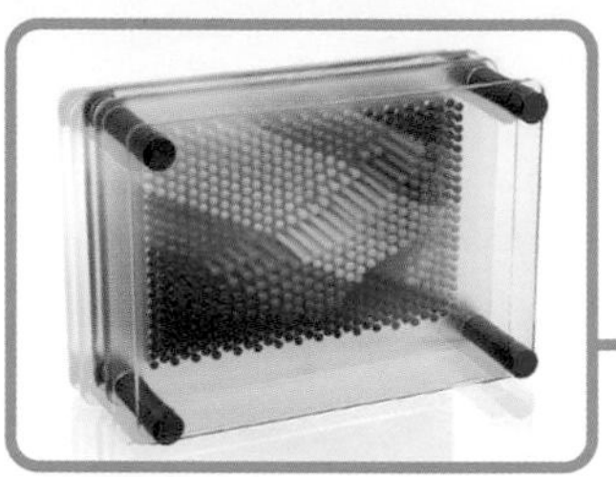

▲未戴上立體眼鏡前所看到的影像，紅色與藍色影像是稍為分開的。

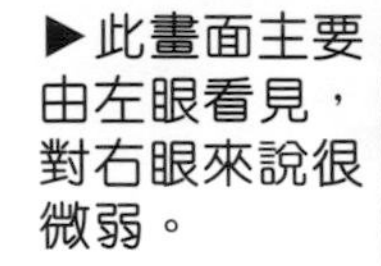

▶此畫面主要由左眼看見，對右眼來說很微弱。

▲此畫面則由右眼看見，對左眼而言很微弱。

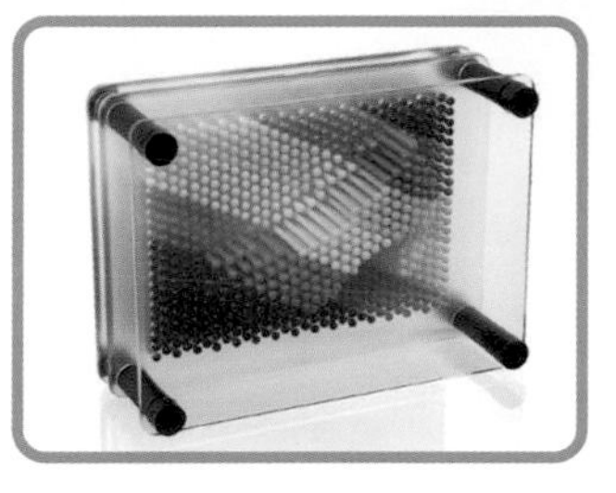

▶大腦會把兩個畫面整合起來，令人們看到立體畫面了。

一些立體電影的畫面由兩種顏色的光構成，彼此有微小的差異。當觀眾戴上立體眼鏡，每隻眼就只會看到其中一個畫面。

佩珀爾幻象

這種技術利用斜放的透明薄膜，反射平面的2D影像，令觀眾看到影像在台上出現，進而誤以為那是立體影像。除了舞台表演，也有些小型的投影裝置能做到相同效果。

▲只要用手機便能做到最基本的立體投影呢！

我見過不少鳥類品種，但像你這樣有一身鮮艷華麗羽毛的，真不常見啊！

雖然我叫普通翠鳥，但可一點都不普通呢！

鮮艷的普通翠鳥是捉魚能手

© 海豚哥哥 Thomas Tue

普通翠鳥(Common Kingfisher，學名：*Alcedo atthis*)，是小型的鳥類，身長只有16厘米，翼展則有25厘米，成鳥體重約45克，壽命估計可達15歲。

牠們矮胖而尾短，頭大而腳小，下身和腳呈紅褐色，黑色的喙部尖而長。身上長有美麗光鮮的藍色羽毛，擁有棕色的耳覆羽，耳後呈白色。

► ▲普通翠鳥背部的羽毛像是清澄的藍天，胸前卻像橙紅色的落日。雄性喙部呈黑色，雌性只有上喙呈黑色，下喙卻呈橙紅色。

© 海豚哥哥 Thomas Tue

其分佈在亞洲、歐洲和非洲北部，常在溪流、湖泊、魚塘的樹枝或岩石上棲息，以便覓食。牠的視力甚佳，在水中也能清晰看見魚類，並迅速抓捕。除了小魚外，軟體動物及水生植物也是其主要食物。

◄牠們不愛唱歌，只在飛行時重複兩三次短而尖銳的哨聲。

© 海豚哥哥 Thomas Tue

© 海豚哥哥 Thomas Tue

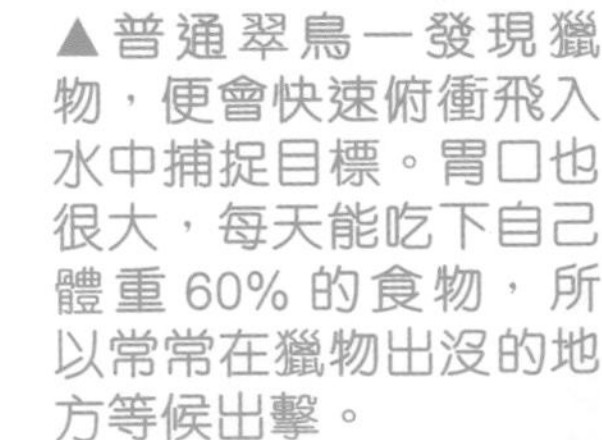

▲普通翠鳥一發現獵物，便會快速俯衝飛入水中捕捉目標。胃口也很大，每天能吃下自己體重60%的食物，所以常常在獵物出沒的地方等候出擊。

▼從正面看，身形更顯得圓滾滾。牠們有很強的領地意識，通常一公里內只有一隻同類，除非是交配期。

© 海豚哥哥 Thomas Tue

如大家有興趣親眼看到中華白海豚，請瀏覽以下網址：
eco.org.hk/mrdolphintrip

收看精彩片段，請訂閱Youtube頻道：
「海豚哥哥」
https://bit.ly/3eOOGlb

海豚哥哥簡介

海豚哥哥 Thomas Tue

自小喜愛大自然，於加拿大成長，曾穿越洛磯山脈深入岩洞和北極探險。從事環保教育超過20年，現任環保生態協會總幹事，致力保護中華白海豚，以提高自然保育意識為己任。

膠圈彈力火箭發射台

兒科太空總署研發了一枝新型火箭，並進入載人發射階段。一眾太空人精神抖擻，萬分期待這次飛行任務。

嘟一嘟在正文社 YouTube 頻道搜尋「#201DIY」觀看製作過程！

玩法

用指尖壓低粗飲管邊緣。

倒數3、2、1！快速放手，火箭升空！

製作時間：45 分鐘

製作難度：★★★☆☆

製作步驟

⚠請在家長陪同下使用刀具

材料：236ml 牛奶或豆漿紙盒、膠樽、竹籤、粗飲管

工具：剪刀、𠝹刀、漿糊筆或雙面膠紙

建議使用平坦、有垂直圓柱結構的膠瓶。

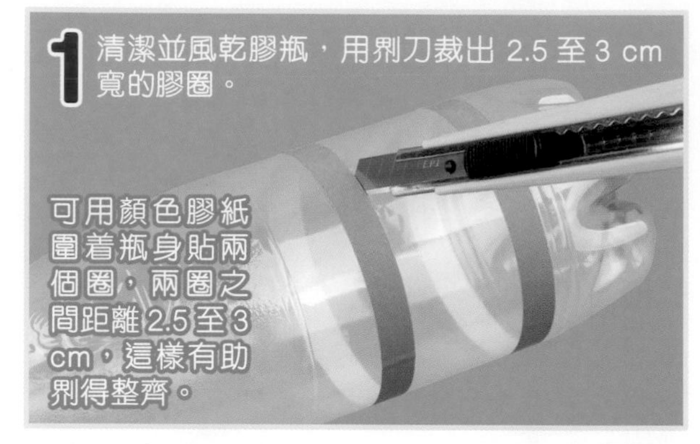

1 清潔並風乾膠瓶，用𠝹刀裁出 2.5 至 3 cm 寬的膠圈。

可用顏色膠紙圍着瓶身貼兩個圈，兩圈之間距離 2.5 至 3 cm，這樣有助𠝹得整齊。

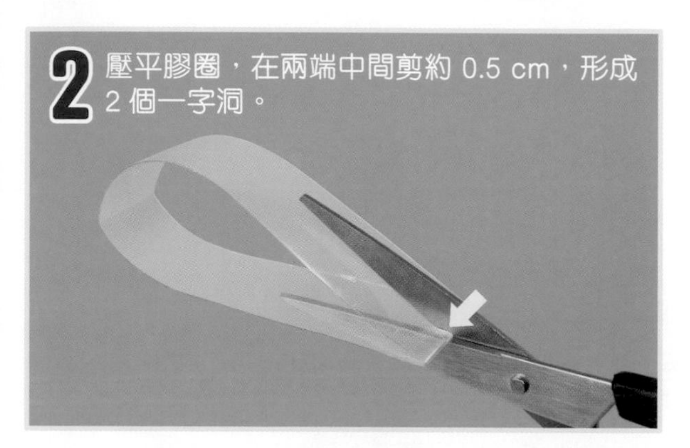

2 壓平膠圈，在兩端中間剪約 0.5 cm，形成 2 個一字洞。

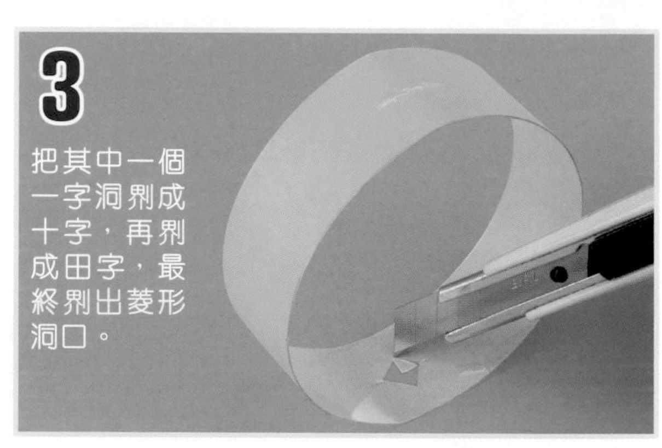

3 把其中一個一字洞𠝹成十字，再𠝹成田字，最終𠝹出菱形洞口。

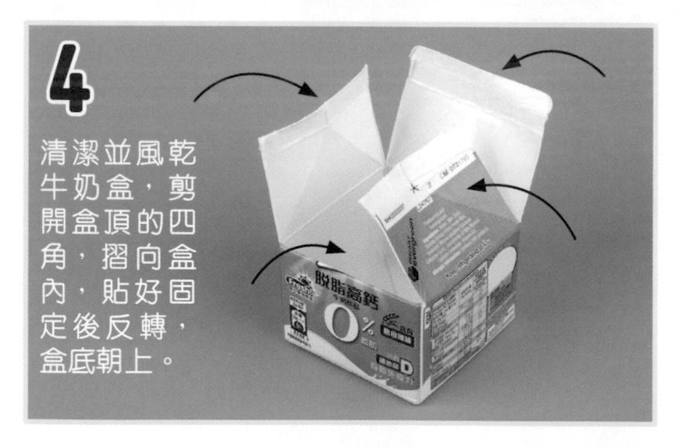

4 清潔並風乾牛奶盒，剪開盒頂的四角，摺向盒內，貼好固定後反轉，盒底朝上。

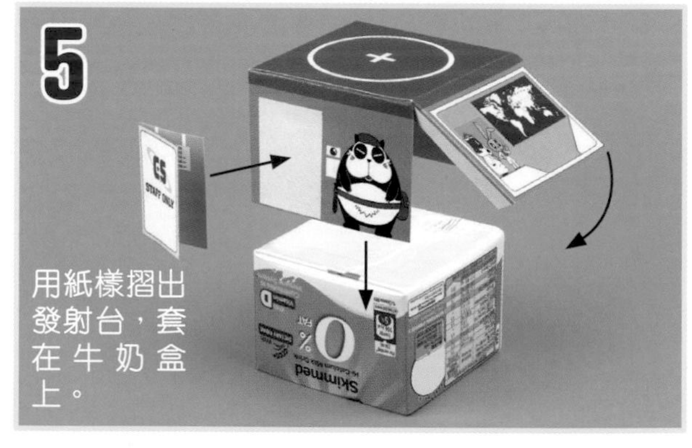

5 用紙樣摺出發射台，套在牛奶盒上。

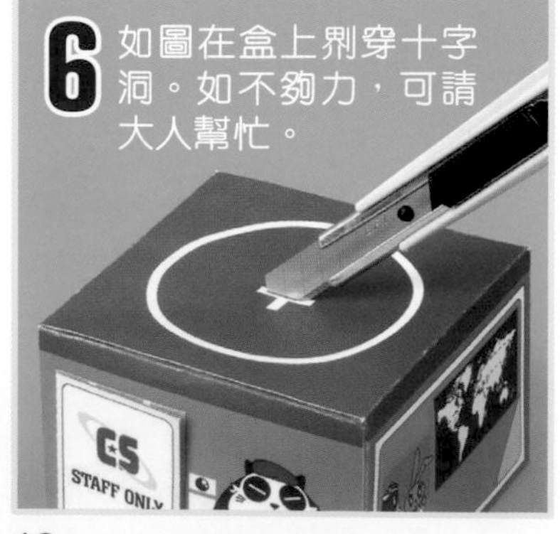

6 如圖在盒上𠝹穿十字洞。如不夠力，可請大人幫忙。

7 用竹籤刺穿至盒底。

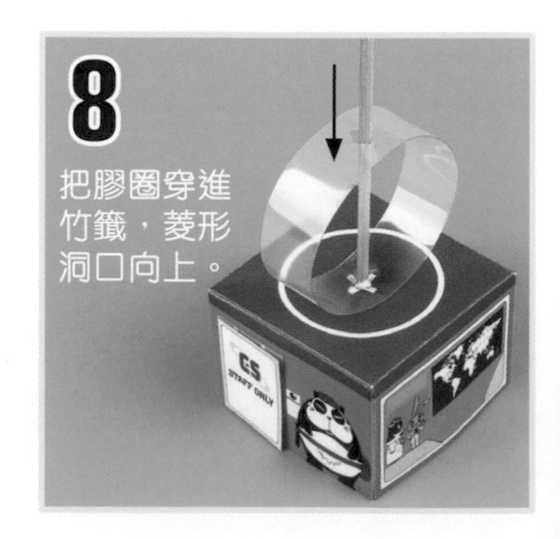

8 把膠圈穿進竹籤，菱形洞口向上。

9 用紙樣製作火箭。

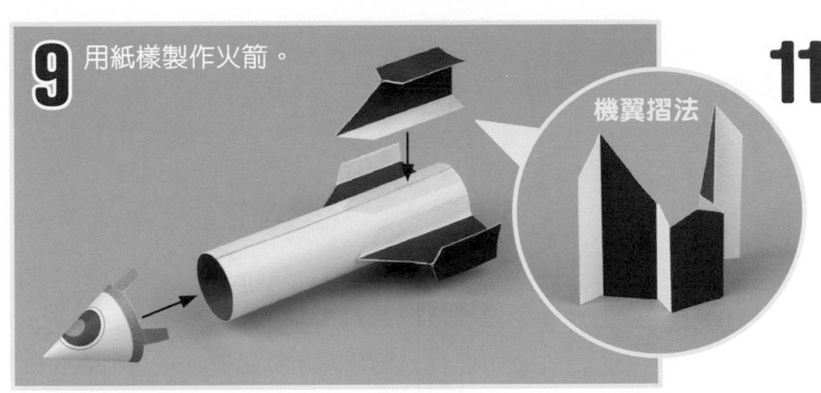

10 剪短粗飲管，用雙面膠紙或萬能膠貼在火箭上。

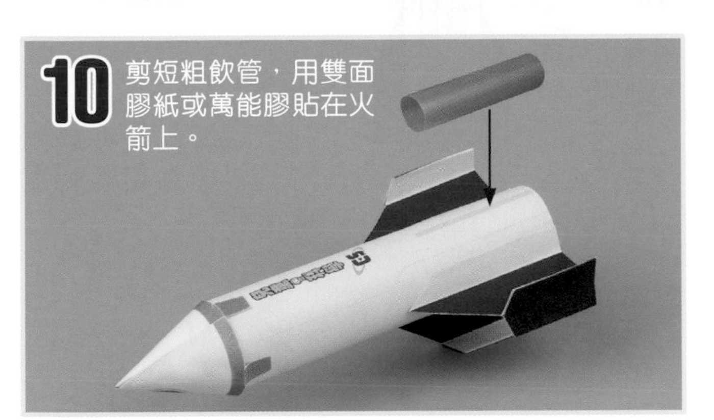

11 貼上標誌，並套上你喜歡的角色返回艙。

如沒有竹籤，可用直飲管或筷子代替，建議長度為 20 cm 以上。如用飲管或筷子，你或需把盒和膠圈上的洞口擴大些！

飛前檢查

調節機翼位置，不要頂住膠圈，這樣才能把粗飲管壓至最底。

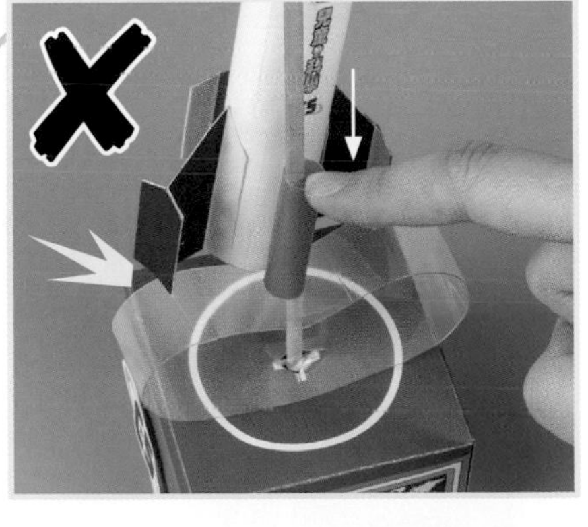

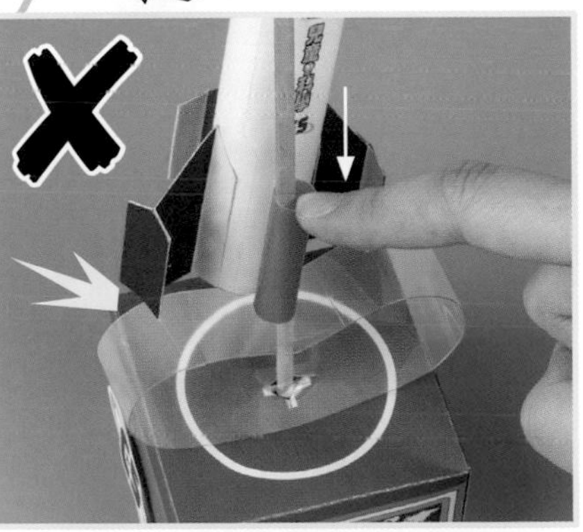

挑戰更高更遠！

調節竹籤的角度，垂直竹籤以挑戰彈射高度，把竹籤斜傾則可挑戰飛得有多遠。

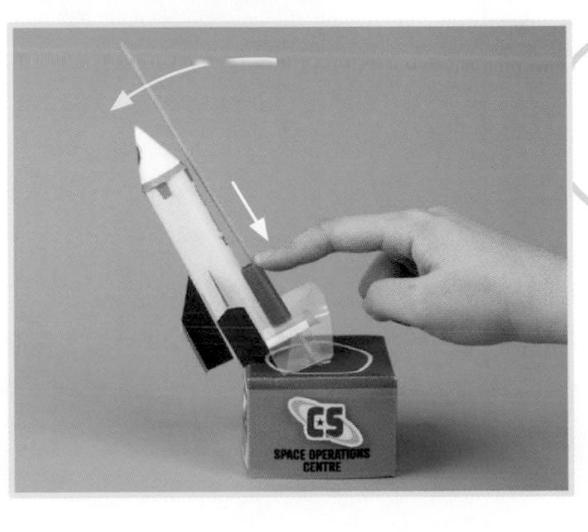

⚠不可指向人或動物發射。

火箭動力來源

真實火箭利用燃料和氧化劑，藉化學作用生出大量氣體並從後噴出，形成推力前進。

液體燃料

優點：

點燃期間可調節流量，以改變速度和軌道，有助節省燃料。

缺點：

結構複雜，成本較高。在發射站亦須設置注入燃料的管道，事前準備較耗時。

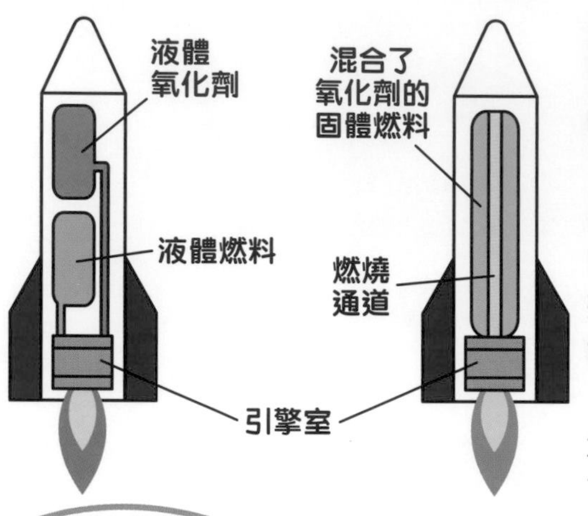

固體燃料

優點：

它就像一塊大火藥，結構簡單，由搬運、安裝至發射過程都十分快速。

缺點：

一旦點燃就只能燒到熄滅，燃燒期間不能調節速度。

因以上特性，液體燃料常用於載人的太空飛行器。

而固體燃料則常用於飛彈和小型人造衛星。

氧化劑是甚麼？

▲代表「氧化性物質」的國際安全警告標誌。

常見的火箭氧化劑有液態氧、過氧化氫和硝酸等。如果沒有氧化劑，燃料進入空氣稀薄的高空就會熄滅，火箭因而失去動力。

這標誌代表「可燃性物質」，兩者很相似呢！

用糖做燃料

只要配合適量的氧化劑，砂糖、蔗糖或硝糖等亦能充當燃料。只是其產生的推力仍未足夠將火箭送上太空。

早在1960年代，美國的火箭愛好者之間已盛行製作糖類火箭。

CANDY ROCKET PROJECT

▶日本糖果生產商UHA在2015年成功將高1.8米、重10公斤的糖果火箭射上248米的高空。

新一代「電子」火箭

宇航公司Rocket Lab設計了一款名叫Electron（電子）的火箭。它使用的是液體燃料：煤油和液態氧。

Electron用電池和電機組件驅動燃料泵，把一定分量的燃料和氧化劑泵向燃燒室，代替傳統的燃氣驅動方式。

◀Electron首次於2018年成功發射。圖為2020年在紐西蘭發射的畫面。

紙樣

沿實線剪下　沿虛線向內摺　沿虛線向外摺　黏合處

火箭頭部

火箭主體

返回艙

機翼

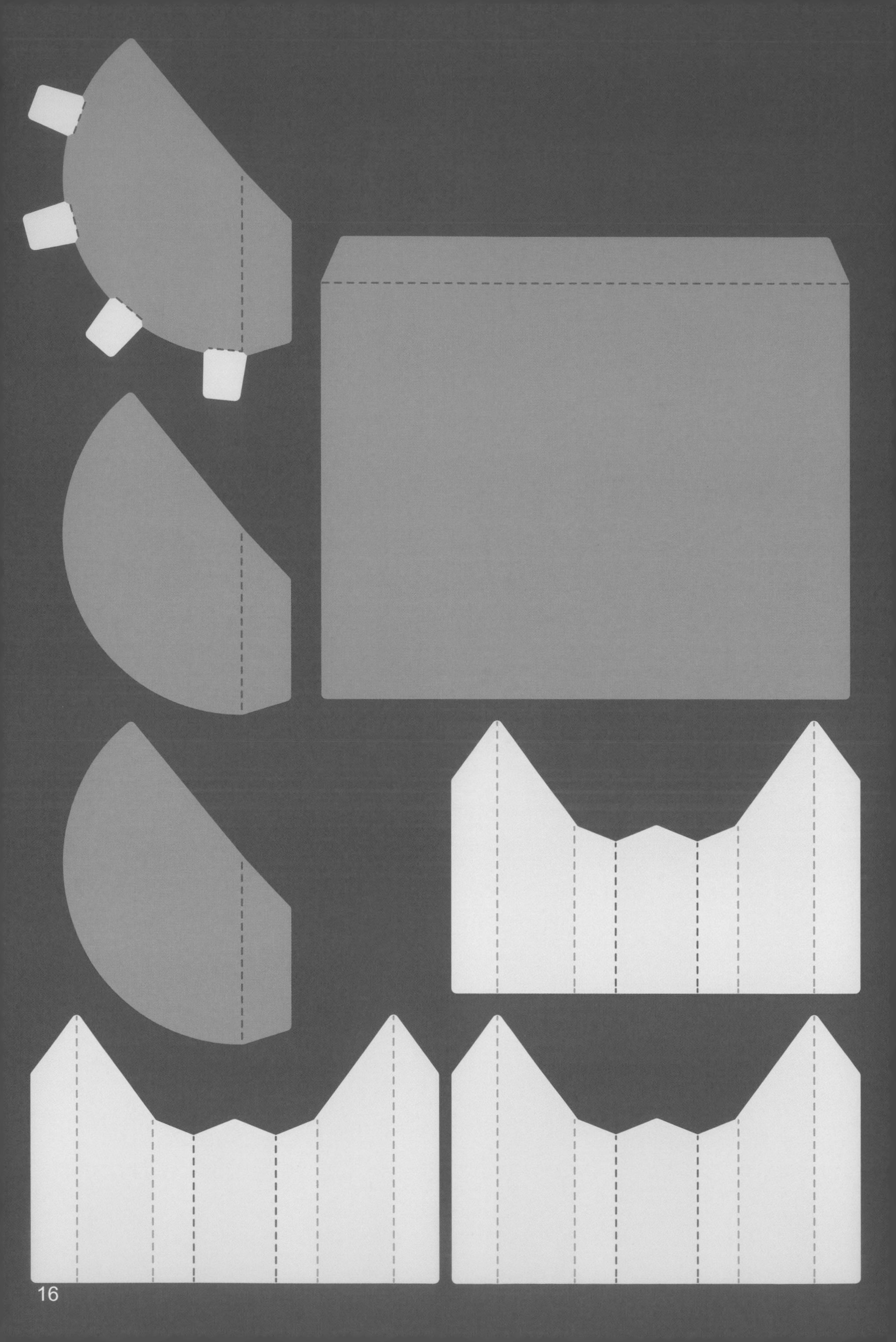

返回艙

門

標誌

發射台

SPACE OPERATIONS CENTRE

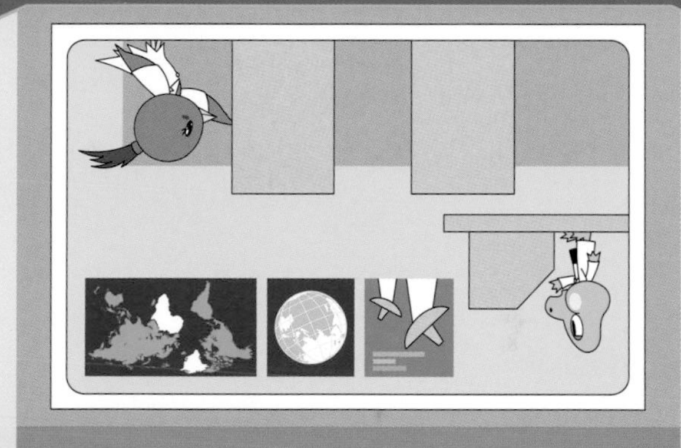

伏特犬每逢假期，都會到湖邊找亞龜禪師靜修。

不過，伏特犬發現亞龜禪師今天所用的方法跟以前的不同……

亞龜禪師與流沙實驗

沙海浮沉

難度好像
很高……

用具：沙（可用米代替）、容器、測試用物件（如乒乓球、磁石、樽蓋等）

1 準備一個午餐盒或其他容器，載 2/3 滿的沙粒或米粒。

容器建議最少長 15cm、深最少 7cm。

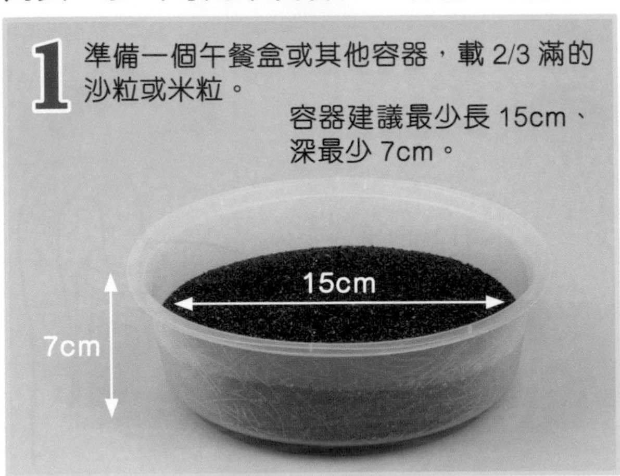

2 把乒乓球埋在沙內，磁鐵放在表面。

3 搖動容器，使沙粒或米粒震動。

原本「沉沒」的乒乓球向上浮！

磁鐵則向下沉！

液體還是固體？

人人都知道沙是固體，怎可能是液體啊？

那視乎你說的是一顆沙還是一堆沙。

物件會在震動的沙池中浮沉，是因為震動令沙變成了「液體」！

一般而言，只要物質的形狀及體積都固定，就算是固體。如果物質的體積固定，形狀卻取決於承載它的容器，那就是液體。

「沙粒」是固體

若非借助外力將沙粒敲碎，那麼，在室溫及正常大氣壓力下，每粒沙的形狀固定，都是固體。

▶另外，從沙粒的成分來看，每粒沙由不同礦物質組成，因為這些礦物質維持着固態，所以整粒沙也是固體。

沙的液體特性

把大量沙粒堆積在一起，則可視為一個整體。整堆沙的形狀不定，亦會受容器外形影響，因此整堆沙是一種具備液體特性的固體。當有震動時，沙更可能出現「液化」現象。

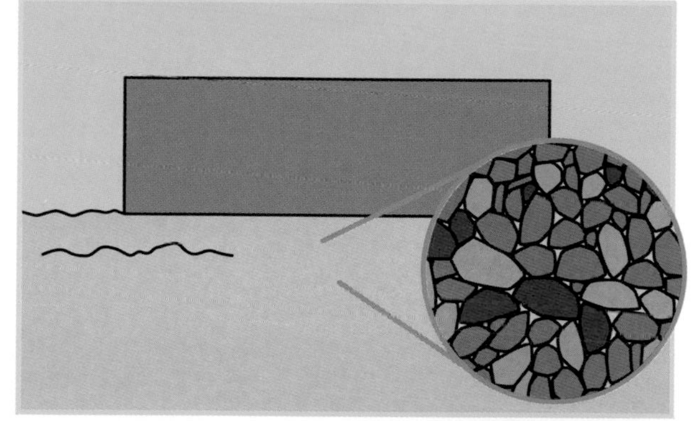

▲當上方有物件壓下來時，沙粒之間有摩擦力互相鎖着，因此不能向外散開。物件因而得到沙粒承托，不會下沉。

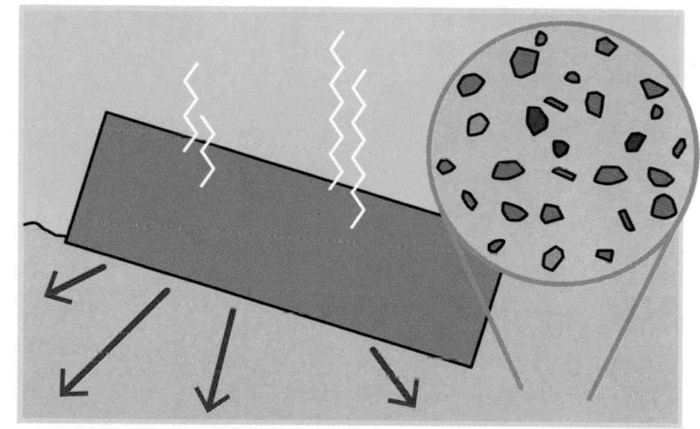

▲只是，一旦出現強度夠大及頻率夠高的持續震動，沙粒間的摩擦力便大幅減少，不能彼此鎖定，因此可流動，變得像液體一般，這稱為液化。

亞基米德原理也適用？

沙堆液化後，沙中的物件就能浮起或下沉，好像放在水中的物件般。

根據亞基米德原理，物件在水中排開的水量等於它的浮力。如果物件在沙堆中，浮力則是排開的沙量。

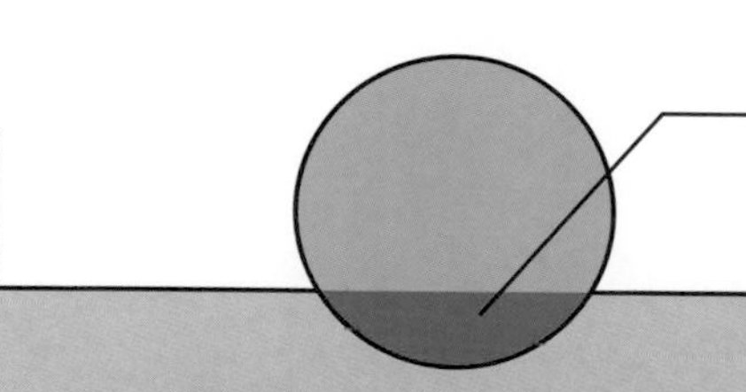

換句話說，物件的密度只要比沙堆低，就會上浮，反之就會下沉。

沙的密度：
每立方米約 1600 公斤

水的密度：
每立方米約 1000 公斤

沙堆立體圖

用具：沙（或米）、硬卡紙、量杯、廁紙筒

1 將硬卡紙修剪成不同形狀。

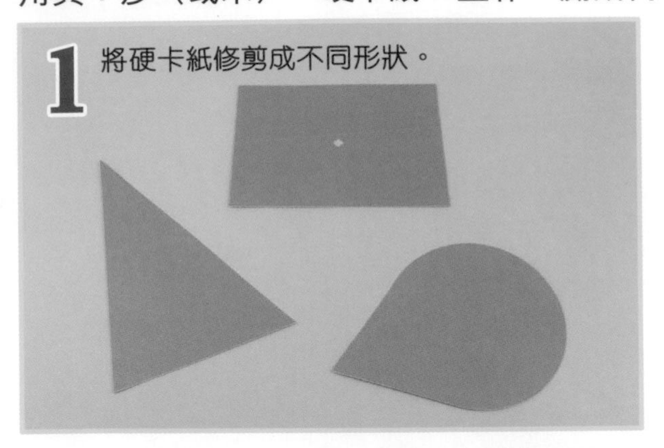

2 用報紙或垃圾袋鋪枱，在上面用廁紙筒承托着一張硬卡紙，然後用量杯將沙平均地倒在硬卡紙上。

3 一直倒沙，直至硬卡紙上的沙丘不能再堆高。

測試不同形狀的效果！

除了多邊形外，也可試用曲線圖形！

休止角

當顆粒物質堆疊起來時，斜面與水平線就會形成一隻夾角。愈多顆粒在同一範圍內堆疊，就會愈堆愈高，夾角也愈大。最終到達極限時，新增的顆粒只會滑下而不能堆疊。這個顆粒堆疊可達至的最大夾角，就是休止角。

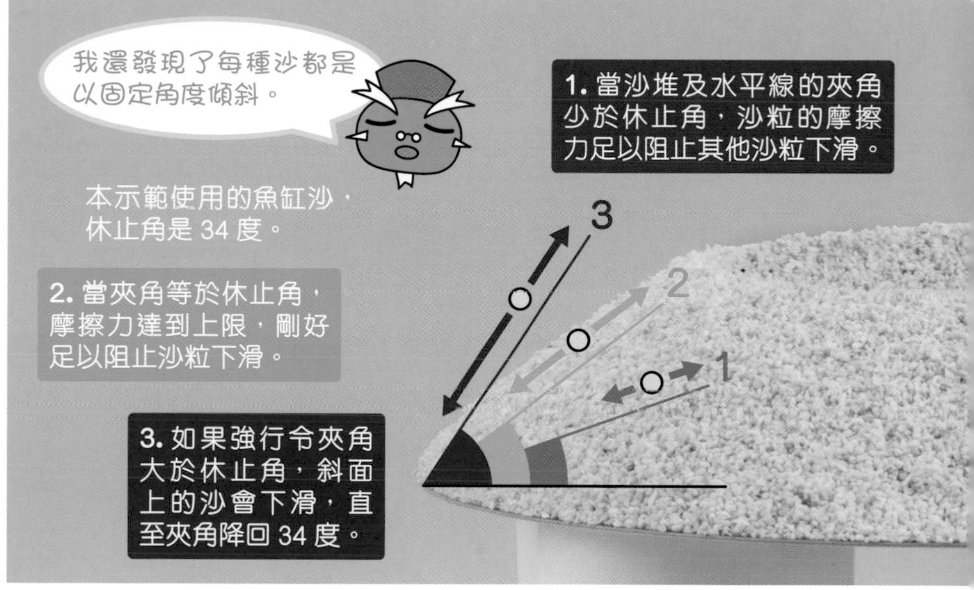

設計穀物的筒倉、運輸帶，或是斜坡檢查等工程，都須知道物質的休止角。

▲筒倉底部漏斗的斜角，必須大於穀物的休止角，這樣穀物的流動才不會受阻，以便從倉內取出穀物。

IQ挑戰站 腦筋

尋找古代智慧之旅

我要找出世上第一條IQ題！

問 1 由 A 鎮到 B 鎮需時 6 日，中途沒有補給。1 個人最多可攜帶足夠 1 人吃 4 日的糧食，居兔夫人要請多少名助手，才可完成旅程？

助手也不能餓死啊！

問 2

居兔夫人買了一輛越野車，車上配備 4 條車軚和 1 條後備軚。如果每條車軚都可行走 20000 公里，居兔夫人最遠可駕車走多少公里？

5 條車軚可以隨時互換呢。

問 3

到底這條「世上最古老謎題」的答案是甚麼？

進去時閉上眼、出來時看得見的是甚麼地方？

* 這是真正來自約 4000 年前的謎題！

你懂得回答最古老的謎題嗎？立刻揭往 p.38 ！

大偵探福爾摩斯
SHERLOCK HOLMES

科學鬥智短篇㊿② 魔犬傳說(3)

厲河=改編 月牙=繪 李少棠=造景
柯南·道爾=原著 陳沃龍、徐國聲=着色

福爾摩斯 精於觀察分析，曾習拳術，是倫敦最著名的私家偵探。

華生 曾是軍醫，樂於助人，是福爾摩斯查案的最佳拍檔。

上回提要：

巴斯克維爾家的先祖雨果因強搶民女而被魔犬咬死。自此，該家多人死於非命，據傳皆與荒野中的魔犬有關。雨果的後代查爾斯爵士，在巴斯克維爾莊園的小徑上離奇斃命，其身旁留下巨大的犬爪，令人懷疑也是與魔犬作祟。老爵士的侄兒亨利自幼移民加拿大，得悉慘事後回國繼承遺產，但抵達倫敦後第一天，就在下榻的酒店收到一封用報紙剪貼字寫成的信，警告他不要返回莊園。在老爵士的朋友莫蒂醫生引薦下，亨利到訪貝格街221B。福爾摩斯從剪貼字的字款、黏貼用的飯糊和信封上的郵戳等找出線索，命小兔子去5家酒店收集剪過的報紙，以確定寫信者的居所。此外，福爾摩斯又發現一個滿面鬍子的神秘人乘馬車跟蹤亨利和莫蒂醫生，可惜被對方察覺逃脫。更離奇的是，亨利入住酒店當天失去一隻新鞋，福爾摩斯和華生翌日到訪時，亨利竟然又失去一隻舊皮鞋……

這時，一個服務員慌慌張張地走來，說：「先生，所有地方都找過一遍了，還沒有找到。」

「**豈有此理**，要是黃昏前還未找到，我會向你們的經理投訴，並馬上搬走！」

「一……一定會找到的。」服務員**期期艾艾**地說，「我……我保證一定能找到。」說完，就急急忙忙地走了。

「太過分了！」亨利轉過頭來，向福爾摩斯說，「真抱歉，讓你看到我為這種無聊的小事**吵吵鬧鬧**。」

「嘿，我並不認為這是無聊的小事呢。」

「是嗎？為何這樣說？」

「遇到一件奇怪的事情可當作偶然，但**接二連三**地發生時，就必須思考箇中**隱含的意味**了。」福爾摩斯答道，「你伯父的死引發一連串事件，接連失去皮鞋是其一。雖然，現在只有幾條線索，有時可能還會因為線索錯誤而**走錯方向**，但早晚也會在正確的線索引導下**走對方向**的。」

與莫蒂醫生會合後，四人愉快地共晉午餐，其間並沒有觸及案情。吃完飯後，他們又回到房間，討論起案情來。

「亨利爵士，你下一步打算怎樣？」福爾摩斯問。

「到**巴斯克維爾莊園**去。」

「甚麼時候去？」

「兩天後。」

「這是個明智的決定，因為你必須**反客為主**，否則就太被動了。」

「反客為主？甚麼意思？」亨利問。

「你抵達倫敦時已被盯上了。」

「**甚麼？**」亨利和莫蒂醫生都大吃一驚。

「你們沒察覺今早離開我家時被人**跟蹤**吧？」

「跟蹤？被誰？」莫蒂醫生問。

「不知道。我們的**反跟蹤**被對方察覺，他乘馬車迅速逃脫了。」福爾摩斯眼底閃過一下寒光，「莫蒂醫生，在你居住的**格林盆**附近，有沒有留着灰黑色**絡腮鬍子**的人？」

「沒有——」莫蒂醫生未說完又連忙更正，「不，有一個。他就是巴斯克維爾莊園的管家**巴里莫亞**。」

「知道他這兩天在甚麼地方嗎？」

「該在莊園裏吧。」

「最好去確認一下，說不定他來了倫敦呢。」

「怎樣確認？」

「很簡單。我們發一封**電報**給他，說亨利爵士即將回來，問他準備好了沒有。」福爾摩斯說，「另外，再發一封給當地的郵政局局長，說必須把電報直接交給巴里莫亞本人。此外，不管他在不在，都必須回電通知倫敦諾桑伯蘭酒店的亨利·巴斯克維爾爵士。這樣的話，就知道他是否在莊園裏了。」

「莫蒂醫生，那個巴里莫亞是個怎樣的人？」亨利問。

「他是已故老管家的兒子，他們一家**橫跨四代**人都在莊園工作。據我所知，巴里莫亞夫婦是出名的老實人，深受大家的尊敬。」

福爾摩斯想了想，問：「查爾斯爵士的遺囑裏，有沒有留下甚麼給他們？」

「有呀，夫婦兩人各自分得**500鎊**。」

「**啊**……」福爾摩斯面露詫異，「他們知道自己會得到這筆遺產嗎？」

「知道呀。查爾斯爵士很喜歡談論遺囑的內容，對此並不忌諱。」

「有趣、有趣。」福爾摩斯**別有意味**地點點頭。

「不過，請不要對能獲得好處的人都懷疑啊。老實說，我也分到**1000鎊**呢。」

「真的？還有其他人得到遺產嗎？」

「很多人也分到啊，但金額並不多。此外，還有不少慈善團體也得到捐贈，餘下的就全歸亨利爵士了。」

「即是多少錢？」

「**74萬鎊。**」

「**好大的數目啊！**」華生不禁驚歎。

「在老爵士過身後，我們做過計算，他的遺產總值約100萬鎊。」

「**好大一筆財富！**」福爾摩斯也大為驚歎，他看了一眼亨利，再向莫蒂醫生問道，「請恕我作個不吉利的假設，倘若亨利爵士不幸身故，誰來繼承這筆遺產呢？」

「按照法律規定，就由其他**近親**來繼承了。」莫蒂醫生說，「但數下去，也只得一個名叫**詹姆斯·德斯蒙**的表兄弟了。」

「你見過他嗎？」

「見過，他去年來拜訪過查爾斯爵士。」莫蒂說，「他年紀已不小了，據說在威斯摩蘭是個**德高望重**的牧師，對遺產完全不感興趣，就算得到，看來也會全部捐出去。」

「是嗎？」福爾摩斯想了想，向亨利問道，「你有立遺囑嗎？」

「沒有。我來到後才得悉遺產數目驚人。」亨利說，「而且遺產中還包括**房產**，這是我必須到莊園看看的原因之一。」

「是的，你必須去一趟。」福爾摩斯說，「但絕不能單獨去。」

「沒問題，莫蒂醫生會與我同行。」

「莫蒂醫生有診所業務，他的家距離莊園有數哩遠，萬一有事也**鞭長莫及**。所以，必須另找一個**可靠的人**與你同行，而且還要**形影不離**地保護你。」

「那麼，你可以一起來嗎？」莫蒂醫生問。

「不巧的是，我剛有一個案子在身，暫時走不開。」福爾摩斯說，「**華生去吧，他是最適合的人選。**」

「我嗎？可是……」

「你的診所不是過兩天要裝修嗎？」福爾摩斯遞了個**眼色**，「反正要休息一兩個星期，由你去最好呀。」

「華生醫生！」亨利未待華生回答，已熱情地握住他的手說，「謝謝你**出手相助**，有你在，我就安心多了！」

「就這樣吧。」福爾摩斯滿意地笑了。

「那麼，後天早上在帕丁頓火車站會合，我們乘10點30分開出的那班車吧。」莫蒂醫生提議。

「好的，就這麼定吧。」福爾摩斯起身告辭。

亨利走去開門送客。然而，當他打開門後，卻不禁「**啊**」的一聲驚叫起來——**一隻簇新的皮鞋放在門口**。

「這就是昨天不見了的新鞋，現在卻忽然跑回來了！」亨利感到

不可思議。

「一定是服務員把新的找回來了，但舊的那隻還未找到，就只好先把新的還給你吧。」莫蒂笑道，「相信舊的那隻也會很快找到的，

你就不要去為難那位服務員了。」

華生往旁看了看，發現福爾摩斯**若有所思**地皺起眉頭。很明顯，他並不認同莫蒂醫生的看法。

「怎樣？那隻新鞋忽然又跑回來，此事很可疑吧？」離開酒店後，華生問。

「**是的，非常可疑。**」福爾摩斯想了想說，「我要去**租車公司**一趟，你先回家吧。」

華生回到家中不久，福爾摩斯也回來了。他一回來就靠在椅子上，一邊抽着煙斗，一邊陷入了沉思之中。

就在剛要吃晚飯的時候，郵差送來了兩封**電報**。

第一封是亨利發來的，寫着——

已接回電，當地郵局說巴里莫亞本人簽收了電報。

第二封沒署名，寫着——

去過5家酒店了，找不到你說的剪報啊。

「哼！小兔子居然學大人以電報回覆，實在太**老氣橫秋**了！」福爾摩斯看完第二封電報後嘀咕。

「哈哈哈，他知道找不到剪報不僅沒打賞還可能**挨罵**，當然不會親自來報告了。」華生笑道。

「沒想到一下子**斷**了兩條線索，此案真是相當棘手呢。希望那條線索會帶來好消息吧。」

「**那條線索？即是哪一條？**」

福爾摩斯剛想回答，門鈴響起，一個**舉止粗野**的男人闖了進來。

「有人要找**2704號**的車夫嗎？我就是了！」他莽莽撞撞地說，「我駕車7年，從沒接過投訴。你們有人想投訴嗎？直接向我說呀！別跑去租車公司**暗箭傷人**啊！」

「老兄，你誤會了。沒人投訴你。」福爾摩斯堆起笑臉說，「反之，要是你能回答我的問題，還要打賞你半個金幣呢。」

「**打賞？**哇哈哈！今天走運了！」馬車夫轉怒為喜，「先生，你儘管問，我一定會好好地回答的！」

「今早10點左右，你載着一個乘客在樓下監視，並尾隨兩位紳士去到攝政街，然後又加速離開吧？可以談談那個乘客嗎？」

馬車夫大吃一驚，有點兒**手足無措**地辯解：「先生，你看來比我還清楚呢。那位乘客說自己是個偵探，命我不要向人提及跟蹤的事。」

「老兄，事關重大，隱瞞的話只會自己吃虧啊。他真的說自己是個**偵探**嗎？」

「是啊！他真的那樣說啊。」

「還說過別的嗎？」

「下車時說過**他的名字**。」

「竟自己報上名來？真輕率大意呢。他叫甚麼名字？」

「他的名字叫——」馬車夫**煞有介事**地一頓，「**夏洛克．福爾摩斯**。」

聞言，我們的大偵探瞪大了眼睛，完全呆住了。但過了一會，他又突然哈哈大笑起來。

「重重地吃了一拳呢，華生。」福爾摩斯自嘲道，「那傢伙不僅機靈，還相當大膽，看來與我**不相伯仲**。這記技術性擊倒實在**妙不可言**啊。」

「是的，太厲害了。」華生也不得不佩服。

「對了，你沒聽錯，他真的叫夏洛克．

福爾摩斯吧？」大偵探向馬車夫再三確認。

「是的，先生，他是這麼説的。」

「那麼，他幾點上車？上車地點又在哪裏？」

「大約**9點半**左右，他在特拉法加廣場上車，並對我説：『我是偵探，照我的説話去做，不**多管閒事**的話，就打賞你2堅尼。』我當然接受了。接着，我按他的指示把車開到諾桑伯蘭酒店等兩位紳士出來，並跟着他們的馬車來到這兒樓下，看着他們走進這棟房子。」

「然後呢？」福爾摩斯問。

「然後，過了個多小時，我看到那兩位紳士離開，於是，就沿着貝格街一直跟着，並——」

「這個已知道了。」福爾摩斯打斷他。

「是嗎？馬車開到攝政街的街尾附近時，客人突然打開天窗下令：『**去滑鐵盧火車站！快！**』我不敢多問，馬上揮鞭策馬，不用10分鐘就去到滑鐵盧站。他下車時，真的給了我2堅尼，還丟下一句：『**我叫夏洛克·福爾摩斯，你要記住這名字啊！日後必會得到好處。**』然後，他就走進車站中，消失了。」

「嘿，有趣。」福爾摩斯問，「你可以形容一下這位福爾摩斯先生嗎？」

馬車夫搔搔頭説：「他大約**40歲左右**，中等身材，看來比你矮兩三吋吧。一身紳士打扮，但**滿面鬍子**。」

「眼睛的顏色呢？」

「這個嘛……我沒看清楚啊。」

「明白了。這是半個金幣。再想起甚麼的話，隨時來找我。」

「先生，謝謝你！」馬車夫接過金幣，**興高采烈**地走了。

「第三條線索也**斷**了，又要重新開始。」福爾摩斯説，「這個對手不能輕視，我們在明，他在暗。他掌握了這邊的所有動靜，我們卻只知他是個蓄了鬍子的傢伙。更厲害的是，他預知我會去找馬車夫，還**膽大包天**地向馬車夫報上我的名字，向我開了個玩笑。華生，這次可説是**棋逢敵手**，希望你去到**德文郡**沒事吧。但老實説，我很不放心。」

「對甚麼不放心？」

「不放心讓你去呀。」福爾摩斯眼底閃過一下寒光，「我有種**不祥的預感**，愈想就感到愈不對勁。你可能認為我過慮了，但我是認真的。我衷心地希望……你能**安然無恙**地回到貝格街。」

華生沒想到老搭檔說得那麼嚴重，不禁渾身起了**雞皮疙瘩**，霎時緊張起來。

在約好的那天早上，福爾摩斯叫了輛馬車，送華生到火車站與亨利和莫蒂醫生會合。

車上，福爾摩斯向華生**千叮萬囑**：「記住，你去到莊園後，必須把見到和聽到的事情如實向我報告，歸納推理的工作由我負責。」

「**事無大小**都要向你報告嗎？」華生問。

「沒錯，不管與這案子有沒有關係，都要**巨細無遺**地報告。在莊園出入的、或在沼地附近出沒的各色人等，更要多加注意。」福爾摩斯重點提醒，「他們的**一舉一動**都可能隱含着某種信息，從中或可梳理出破案的線索。所以，你的**觀察入微**至關重要。」說着，他列舉了與此案有關的已知人物。

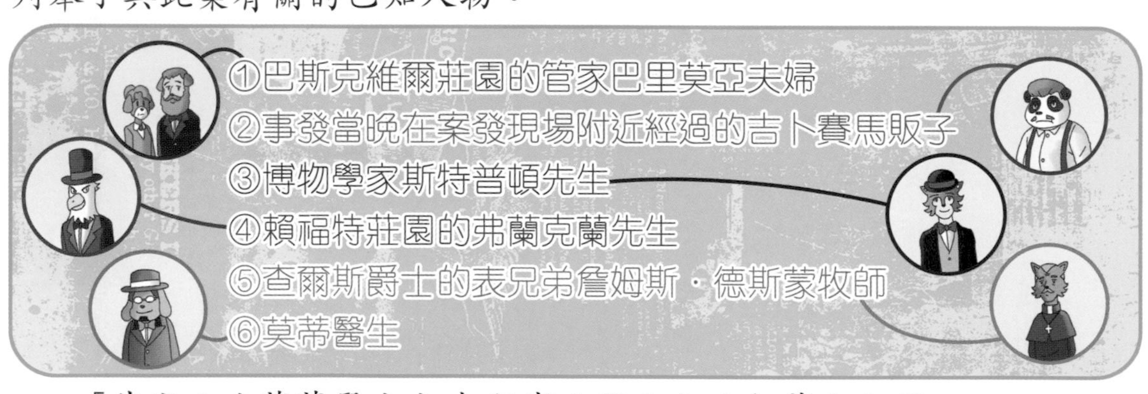

「甚麼？連莫蒂醫生也在觀察名單之內？」華生訝異。

「此案**撲朔迷離**，最可靠的人往往也是最危險的人，在未掌握足夠線索之前，我們不得不防。」

「我倒覺得巴里莫亞夫婦最可疑，以防萬一，不如先把他們**辭退**吧。」

「**萬萬不可**。如果他們是無辜的，就陷人於不義了。反之，倘若他們是犯人，一旦被趕離莊園，我們也很難**舉證指控**。目前，只須小心監視就行了。對了，你抵埗後去當地郵局走一趟，確認一下接電報的是否真的是巴里莫亞本人。」

「明白了。」

「你帶了手槍吧？」

「帶了，我怕你那不祥的預感應驗呀。」

「很好，記住要槍不離身，每一刻都小心提防。」

說着說着，馬車已來到了帕丁頓火車站，莫蒂醫生拉着他那隻可卡犬與亨利一起，已在月台上等候他們了。

福爾摩斯寒暄幾句後，向亨利問道：「找到了那隻舊皮鞋嗎？」

「沒有，最終還是找不到。」

福爾摩斯沉思片刻，然後神色凝重地說：「此行兇險難測，不管去哪裏都要與華生結伴同行，切勿單獨行事。更重要的是，記住『魔犬傳說』古文書的忠告——千萬不要在惡靈肆虐的黑夜前往那片荒野，否則，必會墮入萬劫不復的深淵啊！」

火車徐徐地駛出月台後，華生看到，福爾摩斯仍一臉嚴肅地佇立在月台上，目送他們遠去。

在車廂坐下來的頭半個鐘，亨利對大偵探的提醒似乎也頗為在意，但隨着窗外的怡人景色如走馬燈般展現在眼前後，他很快就把忠告拋諸腦後，時而與莫蒂醫生談天說地，時而又與那隻可卡犬玩耍嬉戲。就這樣，幾個小時的旅程很快就過去了。

當火車在一個具濃厚鄉土氣息的小站停下來時，三人下了車，他們看到在矮矮的白色圍欄外面，停着一輛繫着兩匹短腿小馬的四輪馬車。

馬車夫是個個子矮小、滿臉風霜的老人。他待腳夫把行李搬上車後，就策馬驅車，快速地開進了寬闊的白色大道。

馬車經過彷如波浪起伏的牧草地，穿過茂密的林蔭道。在樹影間，可看到三角牆屋頂的老房子點綴其間，好一幅恬靜的田園景致。不過，當馬車駛進了一條分岔路後，景色忽然發生了變化。那是一條被車輪長年累月行駛下軋出來的羊腸小道，它迂迴曲折，猶如一條不斷匍匐前行的巨蟒。

亨利對所有景物都感到好奇，還不時發出驚歎。華生明白，這位年輕爵士自幼離鄉別井，故鄉的一切對他來說都是新鮮的。

當馬車開到怪石嶙峋的沼地邊緣時，突然，莫蒂醫生指着前方驚叫一聲：「啊！那是甚麼？」

華生循他所指的方向看去，只見不遠處的小山坡上，有個騎兵把短步槍掛在肩上，仿如一尊雕塑似的一動不動地監視着這邊。

「柏金斯，他在監視甚麼嗎？」莫蒂向馬車夫問。

「先生，你不知道嗎？王子鎮監獄有個犯人越獄，已足足三天了。」馬車夫扭過身來說，「所以，每個路口都派了軍警監視。」

「那逃犯是甚麼人？」

「他叫塞爾登，諾丁山謀殺案的犯人。」

聞言，華生馬上想起了數月前的報道，他記得福爾摩斯對此案也深感興趣，還作了一番研究。本來，那人是要被處死的，但由於行兇手法異常兇殘，反而被認定精神出了問題，只判了終生監禁。

「魔犬……再加上……越獄的殺人犯嗎？」華生心裏想着，忽然，一陣寒風吹至，讓他不禁打了個寒顫。他抬頭看看四周，發現荒野上的沼澤和石塚星羅棋佈，在逐漸陰暗的天色下顯得格外陰森。

這時，本來興高采烈的亨利也沉默下來，他翻起大衣的衣領，雙手更拉着大衣把自己裹得緊緊的。

在無言的恐懼中，馬車夫打破了沉默，以馬鞭指着前方古色蒼然的大宅說：「看！那就是巴斯克維爾莊園了！」

亨利激動地站了起來，他興奮得雙頰泛紅，眼裏閃耀着期待的目光。

幾分鐘後，馬車已開到了大宅的閘門。通過閘門後，車輪駛過鋪滿了黃葉的林蔭道，粗大的樹枝縱橫交錯地在頭上伸延，編織出一

條昏暗的拱道。

開過拱道後，一片寬闊的草地展現眼前。華生看到，亮着燈的**古老大宅**已在前方。當馬車停定後，一個高高瘦瘦、長滿了**絡腮鬍子**的中年男人從一個拱門步出。

「亨利爵士，歡迎你回到巴斯克維爾莊園。」他有禮地趨前打招呼。同一時間，一個女人從他身後步出，與他一起卸下了車上的行李。

華生心想，他們一定是莊園的管家**巴里莫亞夫婦**了。

「亨利爵士，你不會介意我馬上回家吧？你知道，我太太在家等我。有甚麼需要我的話，馬上來叫我就好了。」說完，莫蒂醫生就乘着同一輛馬車走了。

聽着遠去的馬車聲，華生與亨利在巴里莫亞的引領下，走進了古樸又華麗的大宅中。

把一切安頓好後，巴里莫亞臉露**難以啟齒**的表情，吞吞吐吐地說：「亨利爵士，我和內子已在這裏工作多年……你不介意的話，我想……我們兩人大概是時候**引退**了。」

「你的意思是要辭職嗎？」亨利感到詫異。

「是的，待你聘到新人後，我們就離開。」

「你們一家不是和巴斯克維爾家一起住了好幾代人嗎？我一來到，就斷絕了這個**歷史悠久**的關係，我會非常難過啊。」

管家的臉上閃過一下痙攣，華生看得出，那不是一種源於心虛的驚愕，而是一種情感上**難捨難離**的激動。

「很感謝你這樣說。可是……老爵爺**死於非命**，我們實在太驚恐了。」巴里莫亞語帶悲傷地說，「這所大宅、這裏的一草一木都殘存着老爵爺的氣息，我們留下來只會**觸景傷情**，內心也無法得到安寧。」

說完，他躬身一鞠，退下去準備晚飯了。

吃過晚飯後，華生和亨利在大廳內參觀了一下，看了歷代先人的畫像，和一些看來年代久遠的擺設後，就回到一樓相鄰的卧室去休息了。

在舟車勞頓下，華生本想快點入睡，但大風把樹木吹得沙沙作響，令他不禁打開窗簾往外眺望。在慘淡的月光照射下，他看到黑壓壓的荒野和沼地彷似地獄魔境般令人不寒而慄。

「算了，看得多只會心裏發毛。還是睡吧。」華生拉上窗簾，鑽進被窩睡覺去。

可是，那個嚇人的魔犬傳説如影隨形，不斷在他的腦海中浮浮沉沉。他在床上輾轉反側，愈想就愈睡不着。過了一會，窗外的風聲靜止了，除了每隔15分鐘敲響的鐘聲外，四周變得一片死寂，而死寂又反而令華生疲累的腦袋更加清醒。

就在懊惱之際，一陣奇怪的聲音突然刺破寂靜，傳進了華生的耳中。

嗚……嗚……嗚……嗚……

「唔？是幻聽嗎？」華生豎起耳朵細聽。

不，那是女人飲泣。錯不了，有個女人強忍着悲傷在哭泣！

嗚……嗚……嗚……嗚……

一陣陣低沉的啜泣之聲又傳到他耳中。

「哭聲距離這裏不遠，是誰在哭呢？」華生滿腹疑惑。

哭聲斷斷續續地持續了半個小時，最後，卧室又回到了死寂之中。華生終於迷迷糊糊地進入了夢鄉。

翌日早晨，華生在吃早餐時，向亨利提及女人哭聲的事。

「我在半睡半醒時好像也聽到，還以為自己在做夢呢。」亨利想了想，「不如問一下巴里莫亞，看看他有沒有聽到。」

這時，巴里莫亞正好端來一壺水，亨利就直截了當地向他問了。

「女人……的哭聲嗎？」巴里莫亞有點不知所措地答道，「不可能吧。屋裏只有兩個女人，一個是內子，一個是睡在對面廂房的女僕人。她很正常，我沒看到她有任何異樣，不會在晚上偷偷地哭。」

「你太太呢？」華生**出其不意**地問。

「她……她嗎？她在老爵爺過身時確實哭了一整天，但最近已平復情緒，沒有哭了。」

「是嗎？沒事了，你去忙你的吧。」亨利打發了管家。

華生看着管家離開的**背影**，心中暗想：「他為甚麼要**說謊**呢？今早在走廊碰到他太太時，清楚地看到她**雙眼紅腫**，就像哭了整整一個晚上呀。」本來，他想把此事告訴亨利，但為免**打草驚蛇**，暫時忍住了。

吃完早餐後，亨利有很多文件要看，華生正好偷空外出，去4哩外的村莊找當地的郵局，確認一下收**電報**的是否巴里莫亞本人。

去到**格林盆**的小村莊後，華生發現那兒只有十多棟小房子，比較大的只有兩棟。一棟是莫蒂醫生的住宅兼診所，另一棟是間雜貨店，兼做收發郵件和電報。

華生走進雜貨店一問，不禁**赫然一驚**。原來，簽收電報的是巴里莫亞太太，巴里莫亞本人當時並不在家。

「這也難怪，鄉下人辦事粗疏，妻子簽收了電報，就當作他本人簽收了。」華生心想，「看來不出我所料，巴里莫亞夫婦嫌疑最大。查爾斯爵士的屍體是巴里莫亞發現的，他報案是為了洗脫嫌疑。那個長着**絡腮鬍子**神秘人就是他！他當時在倫敦，寄出剪貼字警告信的一定是他，偷走亨利爵士皮鞋的人也是他！他想嚇走亨利爵士，這麼一來，就可與妻子兩人**霸佔莊園**，享受富豪一般的生活了！」

下回預告：巴里莫亞在深夜偷偷摸摸地向外發放信號，華生與亨利揭破箇中驚人真相！一個神秘女人在荒野的小路攔途撲出，警告華生必須儘快返回倫敦，否則劫數難逃！

郭宇詩

哇，這不正是我嗎？感謝你對大偵探福爾摩斯的支持！

殷穎詩

給編輯部的話

現在我近視了，有了凹透鏡，就不用花錢買眼鏡。

只是凹透鏡的度數未必與你對應，那樣你的近視就會愈來愈嚴重，所以還是找視光師配眼鏡吧！

電子信箱問卷

李翰銘

現在才知道錯體抄（鈔）票這麼值錢。

「物以罕為貴」啊，畢竟鈔票這麼重要的東西，製造時一般都較嚴格，錯體鈔票流出市面的情況是極少的。

何浚翹

給編輯部的話

原來大剛（剛）會吃沙律（律）的，但我還不明白為甚麼他這麼胖

像嗎？（1－10）

Please！回覆。

吃沙律跟肥胖兩者並無關係，人只要吸收的能量大於消耗的能量，就會變胖！再說，會吃沙律也不表示吃得健康，畢竟也有醬汁或肉類太多的「邪惡沙律」啊！

IQ 挑戰站答案

Q1 2 名助手。

出發前：居兔夫人、A 助手和 B 助手各有 4 日分量糧食。

第 1 日：每人消耗 1 日糧食。睡前，B 助手給居兔夫人及 A 助手每人 1 日糧食。

各人剩餘分量：居兔夫人 4 日，A 助手 4 日，B 助手 1 日。

第 2 日：早上，助手 B 花 1 日時間返回起點，消耗 1 日糧食。居兔夫人和助手 A 繼續行程，各消耗 1 日糧食。睡前，助手 A 把 1 日糧食交給居兔夫人。

各人剩餘分量：居兔夫人 4 日，A 助手 2 日，B 助手 0 日。

第 3 日：早上，助手 A 花 2 日時間返回起點，消耗 2 日糧食。居兔夫人有 4 日分量糧食，可應付第 3 至 6 日的行程，到達終點。

Q2 25000 公里。

把 5 條軚稱作 A、B、C、D、E，只要每 5000 公里更換一次即可。

已走距離	使用中的軚（剩餘壽命）	後備軚（剩餘壽命）
0 公里	A(20000)、B(20000)、C(20000)、D(20000)	E(20000)
5000 公里	E(20000)、B(15000)、C(15000)、D(15000)	A(15000)
10000 公里	E(15000)、A(15000)、C(10000)、D(10000)	B(10000)
15000 公里	E(10000)、A(10000)、B(10000)、D(5000)	C(5000)
20000 公里	E(5000)、A(5000)、B(5000)、C(5000)	D(0)
25000 公里	E(0)、A(0)、B(0)、C(0)	D(0)

Q3 學校。

這謎題出自一塊蘇美爾人的泥板，謎底意思是人們進入學校前甚麼都不懂，讀完書出來後已學會很多知識了。

建築也環保：低碳水泥

化學

減少二氧化碳已成為環保一大目標，連製造建築物料也要講究「減碳」。現時每生產1噸水泥，就會釋放1噸二氧化碳。

為了減少這種溫室氣體，美國建材商 Solidia 使用大學授權的新化學方法，令水泥生產時的排碳量減少 70%！

傳統水泥是以高溫處理石灰石，再與黏土和不同礦物混合而成，燃燒時會產生大量二氧化碳（化學式：CO_2）。

傳統水泥

礦物　黏土　＋　沙礫　＋　水　＝　傳統混凝土

Solidia 水泥

礦物　黏土　＋　沙礫　＋　二氧化碳　＝　Solidia 混凝土

Solidia 增加黏土的分量，減少石灰石，從而減少因燃燒產生的二氧化碳。

Solidia 從其他工廠收集二氧化碳，將它們代替水，與其他材料產生化學反應。此後，那些二氧化碳並不會再次釋放到大氣中。

同場加映　把二氧化碳封印至地底

Photo by Sigrg / CC BY-SA 4.0

▲進行實驗的冰島赫利舍迪（Hellisheidi）地熱發電站，其位處的火山帶含有玄武岩層。

另外，冰島的 Carbfix 科研團隊在地熱發電站做實驗，將 10000 噸二氧化碳溶於水，注入玄武岩層。二氧化碳與岩層發生化學作用，就會變成固態礦石，不再散發出去。Carbfix 在 2021 年 9 月設廠，嘗試以商業模式營運。

不過，這工序須用潔淨能源（如地熱）及大量淡水，因此短期內難以普及。

開心禮物屋 正義一派大列陣

參加辦法
在問卷寫上給編輯部的話、提出科學疑難、填妥選擇的禮物代表字母並寄回，便有機會得獎。

你喜歡哪位的儆惡懲奸的角色？

機甲拼砌後四肢可動，任你擺出威風造型！

你會抽到哪兩名角色呢？

在 50cm 長的氣墊球機上一決勝負！

A 蝙蝠俠 vs 超人 桌上氣墊球 1名

B LEGO 76146 漫威蜘蛛俠機甲 1名

C 哈利波特 隨機孖裝公仔 1名

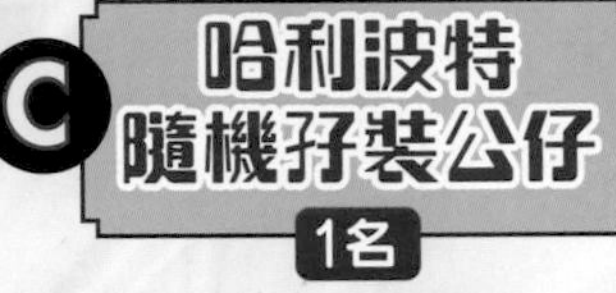

以彩色插圖及漫畫解釋生活常識與科學原理。

D 大偵探福爾摩斯常識大百科＋超常識奇俠第 1 集 1名

《名偵探柯南》改編小說版！

E 小說 名偵探柯南 CASE 1 至 3 1名

三冊內容涵蓋「加減乘除」、「分數・小說・百分數」及「平面・面積」。

F 大偵探福爾摩斯提升數學能力讀本第 1 至 3 卷 1名

全彩色中英對照，寓學習於娛樂！

G Samba Family 漫畫 3+4 集 1名

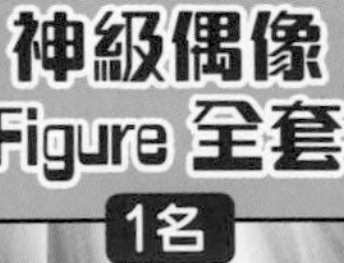

三大偶像組合齊集。

H 星光樂園神級偶像 Figure 全套 1名

逛街的好良伴！

I 大偵探側揹袋（灰色） 1名

第 199 期得獎名單

A	10 合 1 豪華棋盤	郭晙謙
B	4M 創意泥膠鋼琴	鄧卓安
C	LEGO RT32 小城故事：氹氹轉	李泳莜
D	科學大冒險 3+4 集	周卓寧
E	大偵探福爾摩斯 數學遊戲卡	陳謀晉
F	大偵探變聲器	陳旻希
G	TOMICA 車仔系列：Hitachi 雙臂車	陳力錡
H	星光樂園 遊戲卡福袋	蕭學懿 彭日晴
I	LEGO NINJAGO 忍者文具套裝	黎朗晴 李心妍

規則
截止日期：1 月 31 日
公佈日期：3 月 1 日（第 203 期）

★問卷影印本無效。
★得獎者將另獲通知領獎事宜。
★實際禮物款式可能與本頁所示有別。
★匯識教育公司員工及其家屬均不能參加，以示公允。
★如有任何爭議，本刊保留最終決定權。
★本刊有權要求得獎者親臨編輯部拍攝領獎照片作刊登用途，如拒絕拍攝則作棄權論。

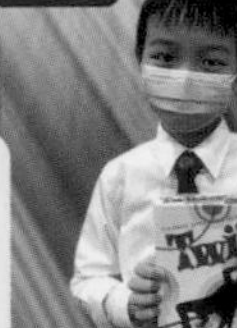

第 197 期得獎者

《兒童的科學》
創作組 = 編
Yuthon = 插畫

「1866年，一條橫跨大西洋的**海底電纜**終於鋪設完成，連接英美兩地。當初為建造它，花費了無數人力物力，還犧牲了許多條性命啊。」一個西裝筆挺、年約五十的男人**滔滔不絕**地向身旁的小女孩說。

雖然女孩輕輕摸着他的**嘴巴**，但他毫不在意，繼續以**字正腔圓**的語調説話。

「從那之後過了26年，現在這條電纜仍替人們傳送無數電報信息。我相信有天如果把各地的電話線連繫起來，就算親友身在遙遠的亞洲，我們也能聽到其**聲音**，更可互相**交談**呢！」說着，男人向女孩問，「海倫你聽得懂我在說甚麼嗎？」

「沒問題。」那個叫海倫的女孩**口齒不清**地慢慢說道，「我也想和大家**談天**呢。」

「很好，只要你不斷反復練習，就能更快地用手去辨識**唇語**，還可用自己的聲音説話呢。」

這時房外傳來**敲門聲**，一個女人走進來，笑道：「午安，貝爾先生，和海倫聊得愉快吧。」

「午安，**蘇利文小姐**。」貝爾打了聲招呼後，就向女孩說，「海倫，你的老師回來了。」

海倫登時興奮地站起來，腦袋微微傾側，彷彿要**拚命**聽出那人由遠而近的腳步聲，雙手直直地伸向前。蘇利文小姐快步上前，握住對方的手放到自己的嘴上問：「你有好好『聽』貝爾先生的話嗎？」海倫隨即用力地點頭。

貝爾看着這個叫**海倫·凱勒***的聾盲女孩。想到她既看不見東西，又聽不到聲音，卻仍堅強地生活，努力學習知識，就覺得她非常**了不起**。他下定決心要幫助對方，用各種特殊方法讓其認識這個**多采多姿**的世界。

一直以來，**亞歷山大·格拉漢姆·貝爾** (Alexander Graham Bell) 致力改善人們溝通的方式。他製造出方便大眾使用的**電話**，打破地域的限制；又親自教導失聰人士，令他們順利與別人對話，對**聾啞教育**作出重大貢獻。他對**語言**與**聲音**方面的興趣，與家中長輩的研究有着千絲萬縷的關係。

家學淵源

1847年，亞歷山大·格拉漢姆·貝爾 (下稱「貝爾」，家人親友則喜歡叫他「亞歷克」) 於蘇格蘭的**愛丁堡**出生，有兄弟各一名。他自小在家接受教育，到10歲時才入讀小學，但讀了數年就結束。

貝爾家數代從事**語言研究**，祖父亞歷山大*是一名矯正語言缺陷的專家，鑽研人們如何正確地發音和說話。而父親**梅爾維爾***則是一名演說高手，曾在愛丁堡大學擔任講師，教授演講法與辯論術。他設計過一套**可視語言** (Visible Speech)，以符號表示喉嚨、舌頭、嘴唇等器官在發音時的位置和移動方式，藉此透過**視覺**去解讀任何**聲音**，類近現代的標音方式。

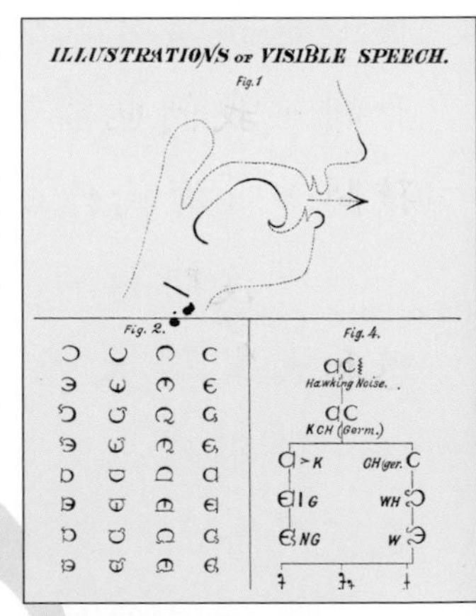

↑可視語言的圖例。

耳濡目染下，貝爾自小對運用可視語言**駕輕就熟**。他時常擔任父親的**助手**，向大眾示範……

「只要利用可視語言，我們就知道各種聲音的**讀法**。」梅爾維爾站在講台上，一邊指着寫滿**符號**的黑板，一邊向觀眾朗聲道，「若失聰人士看着這些符號，就算聽不到自己的發音，也能明白如何正確地發聲和說話。現在我們來**示範**一下吧。」

*海倫·凱勒 (Helen Adams Keller，1880-1968年)，美國著名作家。
*亞歷山大·梅爾維爾·貝爾 (Alexander Melville Bell，1819-1905年)。
*亞歷山大·貝爾 (Alexander Bell，1790-1865年)。

說着，他向站在一旁的少年說：「亞歷克，你先出去等待一會。」

「是，爸爸。」貝爾隨即離開了房間。

接着，梅爾維爾向觀眾席上其中一個男人道：「麻煩這位先生說些話來，或發出其他聲音也可以啊。」

「呃，咳咳。」對方想了想，就面露俏皮的笑容說，「我的貓喜歡吃蘋果，喵。」

「哈哈哈！」場內響起哄堂大笑，有人甚至「咻咻」地吹了兩聲口哨。

「好，那麼我們請亞歷克進來吧。」梅爾維爾笑道。當貝爾回到房間後，他就逐一指向黑板上的符號，示意兒子讀出來。

「來，說說我們剛才發出了甚麼聲音吧！」

「呃……咳咳……我的貓……喜歡……吃蘋果……喵……」少年一直順着符號的指示大聲道，「哈哈哈……咻咻……」

「噢，連咳嗽和口哨聲也重複出來了！」觀眾都嘖嘖稱奇。

可視語言一度幫助失聽人士學習說話，但礙於其內容較複雜，運用起來較麻煩，至19世紀末漸漸沒落。不過貝爾從中注意到人們說話時，發音器官的振動有何差異。

此外，貝爾的母親伊莉扎也對兒子在聲學發展幫了一把。伊莉扎在年輕時曾遭遇意外而失聰，須以助聽用的聲號筒管子分辨聲音。她教兒子以手語溝通，使他們明白失聽人士的苦處。另一方面，伊莉扎因彈得一手好琴，又希望兒子有共同嗜好，遂請鋼琴教師加以教導。

由於以上種種因素，貝爾對語言溝通的關注比一般人高。他亦透過學習音樂，提升對聲音的敏銳度。

1862年，15歲的貝爾與祖父在倫敦一起生活了一段時日。其間他常在書房閱讀各種書籍，尤其是聲音方面的著作。此外，他又會跟隨祖父到學校，坐於課室一角，觀看對方如何糾正學生說話的毛病。

數年後，貝爾搬到埃爾金*，在一所學校講授**音樂**與**演講術**，及後轉到愛丁堡大學進修希臘文和拉丁文，至1865年才返回埃爾金，鑽研說話的**發音方式**。他以鉛筆輕觸面頰和喉嚨，感受發出不同聲音時**振動**的強弱。另外，他閱讀德國物理學家亥姆霍茲*的論文，仿傚其運用**音叉**與**電磁**研究發聲原理。

好景不常，貝爾的兄弟先後患上**肺結核**而英年早逝，連貝爾也出現患病徵兆。為拯救兒子性命，1870年父親梅爾維爾舉家搬到**加拿大**的布蘭特福德*。當地**優美**的自然環境加上**清新**的空氣，令貝爾很快康復。

此後，梅爾維爾繼續教授可視語言與演講術。有一次他在**波士頓**演講時，認識一位**聾啞學校**的校長。那位校長對可視語言甚感興趣，認為可能幫助校內學生，遂邀請對方到校講課。當時梅爾維爾**推薦**兒子貝爾前往，貝爾因此成了該校的老師。後來，他輾轉到其他聾啞學校授課，教導那些失聰學生如何**發音**。

1872年，貝爾在波士頓**開辦學校**，教授如何發聲、矯正口吃及解決言語障礙。同時，他參加聾啞人教育研討會，結識各科學團體，見識當時**嶄新**的聲學儀器。另外，他到圖書館自行閱讀許多有關**電學**的書籍，並着手改良**電報**運作的方式。

以電傳聲的成就

電報自19世紀初被發明後，歷經多次**改良**，至中期起變得非常**普及**。它透過電流在**通電**與**斷電**時產生的差異，組成各種字母或數字，由此拼出具有意思的文字信息，再經電線迅速傳至另一端。其間，信息會轉化成一組特定**頻率**輸出，收報的一端若要成功接收，就須調至相同頻率。

貝爾一直思考，一個頻率只能裝載一個信息。但若**數個信息**分別被轉成不同頻率，或許就能僅用一條電線同時收發多份電報。這樣既可提高效率，亦減輕成本。他將該構思稱為「**多重電報**」(multiple

*埃爾金 (Elgin)，位於蘇格蘭馬里的城市。
*赫爾曼・馮・亥姆霍茲 (Hermann von Helmholtz，1821-1894年)，德國物理學家，亦研究生理學。
*布蘭特福德 (Brantford)，位於加拿大安大略省南部的城市。

telegraph)。

貝爾的多重電報構想

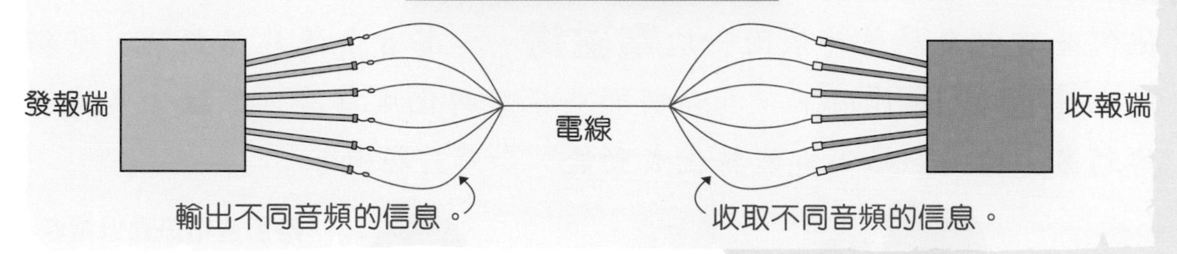

為了做出成果，貝爾一邊工作，一邊**廢寢忘餐**地研究。1873年，他當上波士頓大學演講學院*教授，講授聲音生理學與演講術。其間，他在那裏遇上一位名叫**瑪貝爾**的失聰學生，因而認識其父親——律師兼金融資本家**赫伯德***。赫伯德對多路電報的構想深感興趣，並與商人**桑德斯***投資這項研究。

另一方面，1874年貝爾因工作關係，認識了研究耳朵的專家布雷克博士*。他從對方習得許多**聽覺**的知識，看過計量聽力的儀器，甚至獲得一隻屍體耳朵做研究，由此深入了解人類是怎樣聽到聲音。

人類的耳朵構造

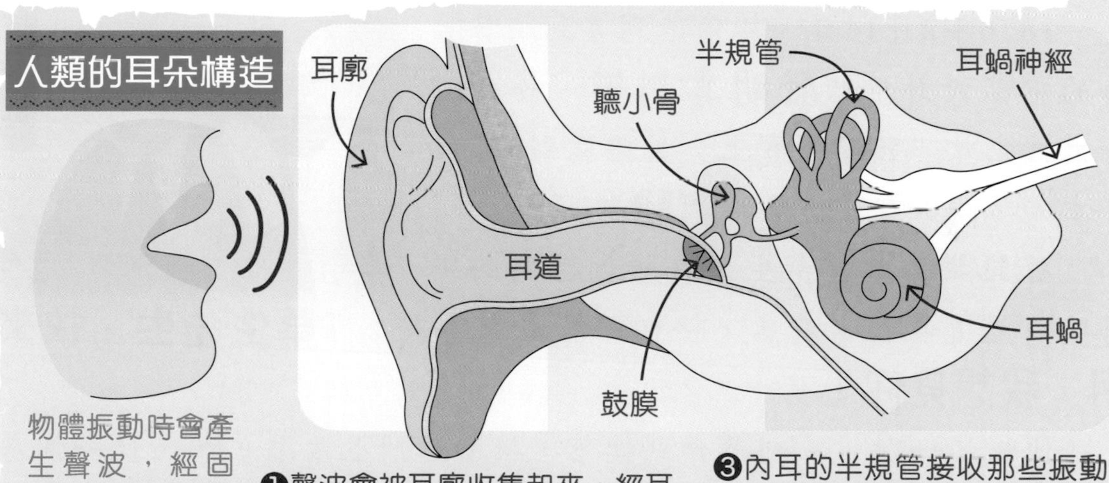

物體振動時會產生聲波，經固體、液體或氣體等媒介傳到耳朵，這就是聲音的來源。

❶聲波會被耳廓收集起來，經耳道到達鼓膜，令其振動。

❷振動傳至鼓膜後面的聽小骨，再到達充滿淋巴液的內耳部分。

❸內耳的半規管接收那些振動後，令淋巴液流動，並使耳蝸內的感受器受到刺激，化成聽覺信號，通過神經傳至腦部，這樣人們就能聽到聲音。

後來，貝爾漸漸萌生一些想法。若以一塊**金屬薄片**模仿鼓膜，接收**聲波振動**，再將之**轉化**成**電流**，用電線傳至另一端。然後用另一塊薄片接收振動，是否就能令另一端的人聽到？另外，如果聲音引發空氣的振動頻率，與電流強度的頻率**一致**，是否就能**互相轉**

*波士頓大學演講學院 (Boston University School of Oratory)。
*加德納．格林．赫巴德 (Gardiner Greene Hubbard，1822-1897年)，美國律師與金融家。
*湯瑪斯．桑德斯 (Thomas Sanders)，其兒子一出生就已失聰，自6歲起接受貝爾的聾啞教育。
*克拉倫斯．約翰．布雷克 (Clarence John Blake，1843-1919年)。

化？若是如此，又該如何轉化？

這些問題在他與助手**華生***試驗多路電報機時意外地獲得答案。他們發現以金屬薄片依附一塊**電磁鐵**，當聲音令薄片振動時，電磁鐵在**電磁感應**作用下，就會將那些振動轉化成電流。然後，當電流傳到另一塊電磁鐵，電能轉化成動能，令薄片振動。

電話的原理

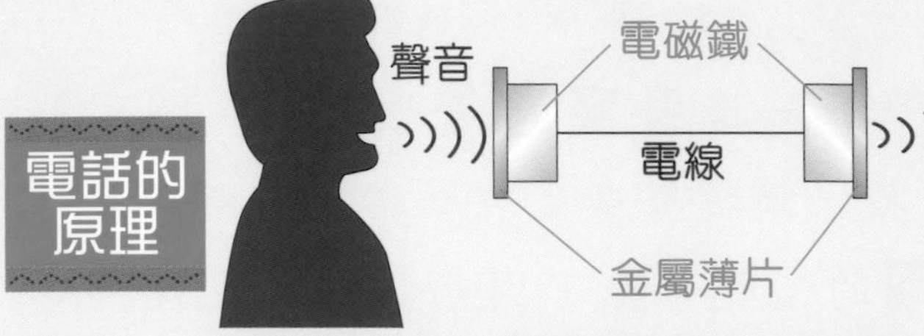

❶當A說話時，會對空氣產生不同頻率的振動。前方的金屬薄片和電磁鐵接收那些振動後，電磁鐵就會將之轉化成與聲音頻率一致的電流。

❷那些電流通過電線傳至另一端後，該端的電磁鐵就會將之轉回動能 (振動)，連帶令金屬薄片產生振動。其振動藉空氣傳到B的耳中。這樣，B便聽到A的聲音。

為作更多試驗，貝爾**擱下**了多重電報，轉而**鑽研**聲音波動與電流變化的關係，具體地探究**以電傳聲**的可行性，並開始設計電話機。當中他們改以稀釋的硫酸代替金屬薄片，以產生更明顯的振動。

1876年2月14日，赫伯德到專利局替貝爾的電話設計申請**發明專利權**，於3月3日獲批生效。然而事實上，貝爾直到3月10日才成功做出電話傳聲的**實驗**。

據記載，當日華生站在一個房間內，將聽筒貼近耳朵。突然，一個聲音從中傳來：「**華生先生，快來啊，我想見你！**」

他嚇了一跳，立刻飛奔到樓下，接着連門也沒敲，就衝進一個房間去，只見貝爾拿着話筒，**目瞪口呆**地望着他。

「你要找我嗎？」華生問。

「你**聽到**了？」貝爾**驚奇**地反問。

「嗯，我從聽筒裏**聽到**你的聲音。」

聞言，貝爾**喜不自勝**，立刻跑到樓上再作試驗。就這樣，他們的電話機發明終於成功了。

*湯瑪斯・奧古斯塔斯・華生 (Thomas Augustus Watson，1854-1934年)。

1876年，電話裝置在美國百年成就展上示範其功效。這次展示非常成功，觀眾們都對其**歎為觀止**。之後，貝爾和華生進行數次**長途實驗**，其中一次更相距超過20哩以上。1877年7月9日，貝爾與赫伯德及桑德斯合資成立「**貝爾電話公司**」，2天後就與赫伯德的女兒瑪貝爾成婚。

之後二人展開歐洲蜜月之旅，同時宣傳那嶄新的通信設備。電話在英國**大受歡迎**，報章雜誌爭相報道消息。貝爾更獲英女王接見，**示範**使用這個時髦又神奇的工具。

另外，1880年**法國政府**為表揚貝爾製造出電話的功勞，更向他頒發「伏特獎」及5萬法郎 (折合現時的約28萬美元) 的**獎金**。

至此，貝爾已**名成利就**。他繼而開創其他科學發明的事業，亦投放更多資源去進行聾啞教育的工作。

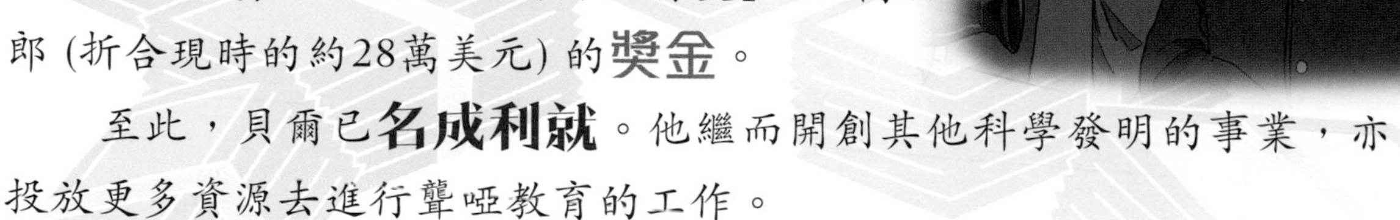

聾啞教育與其他工作

1881年，貝爾利用「伏特獎」的部分獎金創建「**伏特實驗室**」(Volta Laboratory)，又設立1萬美元的「**伏特獎金**」，以資助其他科學家作研究。

當時實驗室主要從事發明品的**改進**工作，其中最著名的莫過於將愛迪生的**留聲機**加以改良，更設計出一種圓形唱片。另外，貝爾又曾與工作人員合作研發「**光電話**」(photophone)，試圖以光傳送聲音，而且中間毋須使用電話線，那被視為無線通訊的雛形。

此外，他亦積極投入**創辦**科學學會及**出版**事務，1882年與岳父收購了《科學》雜誌。1888年他又與一眾學者創立「國家地理協會」，並出版著名的《**國家地理雜誌**》(*National Geographic Magazine*)。

VOLUME XXVII NUMBER ONE
THE NATIONAL GEOGRAPHIC MAGAZINE
JANUARY, 1915
CONTENTS
Glimpses of Holland
Some Personal Experiences with Earthquakes
From the War-path to the Plow
Partitioned Poland
National Geographic Society
PUBLISHED BY THE NATIONAL GEOGRAPHIC SOCIETY
HUBBARD MEMORIAL HALL
WASHINGTON, D.C.

↑1915年1月的《國家地理雜誌》封面。

同時，貝爾一直**不遺餘力**地發展聾啞教育，常教導失聰人士學習**讀唇**，讓他們自行發聲說話，積極**融入社會**，避免被孤立。1884年他在華盛頓特區設立聾啞學校，1887年更以出售新留聲機專利所得的股金，成立「**伏特辦事處**」(Volta Bureau)，專門拓展與研究有關聾啞人士的知識。他亦在那年遇上**海倫·凱勒**，間接促成這個聾盲女子的傳奇一生……

「凱勒先生，你們**千里迢迢**從阿拉巴馬州來到華盛頓，真是辛苦了。」說着，貝爾將6歲的海倫抱在膝上，任由她玩着自己的手錶，溫柔地道，「海倫，這是**手錶**，你喜歡它嗎？」

只是海倫並沒理會，一邊抓住手錶，一邊**胡亂**地抖着雙手。貝爾彷彿明白她想表達甚麼意思，笑說：「呵呵呵，對啊，它在**震動**呢。」

「貝爾先生，醫生說海倫的病已**治不了**。」海倫的父親亞瑟·凱勒卻**愁眉苦臉**，「她永遠都是**又盲又聾**，以後要怎麼辦啊？」

「凱勒先生，我明白你的心情。」貝爾正色道，「但請別氣餒，就算看不見事物、聽不到聲音，她也能透過其他方式**接觸**這個世界，努力生存下去。」

「真的可以嗎？」

「沒問題的，前提是須接受**合適的教育**。」貝爾建議，「你可寫信去找柏金斯啟明學校*的校長，詢問他有否合適人選教導海倫。那裏是個好地方，一直為失明和失聰人士提供協助。」

「我只希望她能**健康快樂**地成長。」凱勒看着女兒說道。

「我相信在接受教育後，她一定可好好生活，將來甚至**有所成就**呢！」貝爾摸摸海倫的頭，露出令人**安心**的微笑，「放心吧，我也會盡力幫忙的。」

後來，柏金斯啟明學校校長得悉事情後，就讓**安妮·蘇利文**前往凱勒家。在蘇利文的**悉心教導**下，海倫慢慢學懂各種單字和必要的生活禮儀，並曉得運用正確的手語，順利地與人**溝通**。及後，另

*柏金斯啟明學校 (Perkins School for the Blind)，創立於1829年，是美國最古老的失明人士學校。

有一名語言老師教導海倫如何用手讀唇以及出聲說話。

此後，海倫一直努力學習，於哈佛大學畢業後，成為一名**作家**，更到處**巡迴演講**，為殘疾人士發聲。只是受先天所限，其發音較**模糊不清**，須靠熟悉語調的人同步「**翻譯**」。除了與她形影不離的蘇利文老師外，貝爾有時也出手幫忙呢！

一直以來，海倫與貝爾都是非常**要好**的朋友。自兩人第一次會面後，貝爾就時常探望這個聾盲女孩，與她**暢談一切**，包括開首所述的海底電纜工程，還有1906年自行研發的**水翼船設計**、1907年成立「航空實驗協會」進行**飛行研究**等。而海倫在作品中亦多次讚揚對方在科學與聾啞教育上的貢獻。

電話的發明爭議

貝爾因電話而獲得**榮耀**，但同時也陷入多場**專利權之爭**。當時，多個企業還有發明家如穆齊*、格雷*、愛迪生等都提出訴訟，宣稱自己擁有真正的電話專利。貝爾為此在十數年間，打了數百場**官司**。雖然最終**無一敗訴**，卻令他變成**驚弓之鳥**，往後對文件處理極之謹慎，以防被人提告。

此後百多年來，貝爾都被視為電話的**始創者**。然而，對於誰是第一個發明電話的人，卻一直有所**爭議**。到了2002年6月，**美國國會**正式確認，**穆齊**早於1854年已造出一種類近電話的電氣聲音傳達裝置，故此他是真正發明電話的人。不過**加拿大政府**對此作出抗議，並於數天後在國會重申貝爾才是電話的發明者。

事實上，上述的發明家都有過以電傳聲的**構想**，甚至造了實驗模型。只是，貝爾卻是製造一款能**廣泛應用**於實際生活的電話，並且獲得專利的人。

對於人類能**超越**地域界限、**打破**殘疾造成的隔閡，得以**無障礙**地互相溝通，貝爾所作的功勞不能被輕易抹煞。

*安東尼奧．穆齊 (Antonio Meucci，1808-1889年)，意大利發明家。
*以利沙．格雷 (Elisha Gray，1835-1901年)，美國電氣工程師，曾設計出水麥克風式電話。

科技

栩栩如生的人形機械人 Ameca

這部機械人的表情是否很逼真呢？它其實是由英國公司 Engineered Arts 開發的一款人形機械人，名字叫 Ameca，專門用來開發及測試人工智能及其他機械人技術。

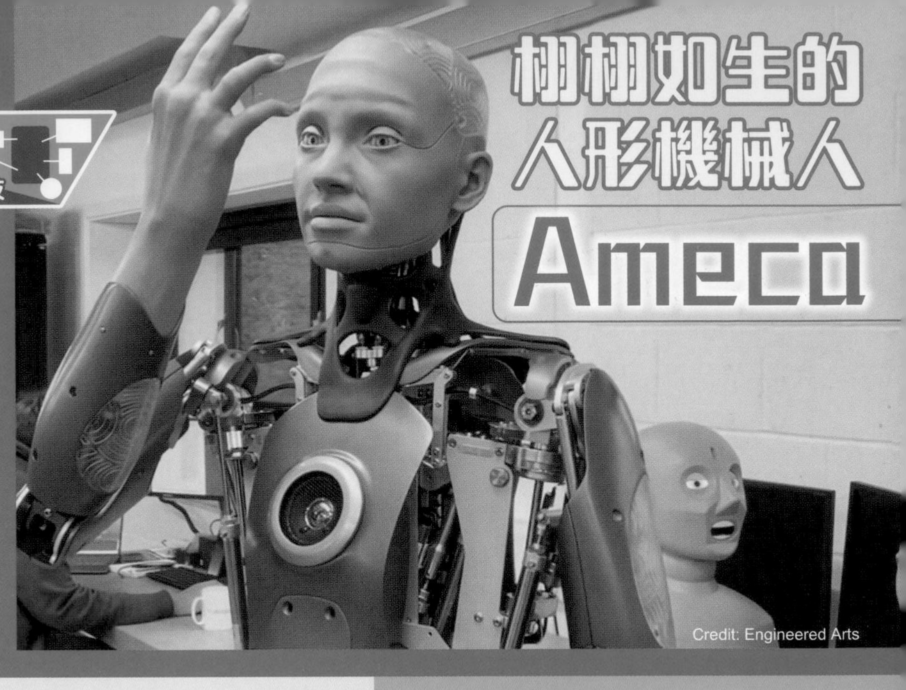

Credit: Engineered Arts

Ameca 自帶聊天機械人（Chatbot）般的功能，亦可預先輸入程式來操控，故可用於一些大型活動的表演。但它自身並不具備人工智能。

▶在網上可找到其開發公司發佈的短片，從中可見 Ameca 的表情及動作都十分自然流暢！

「白老鼠」機械人？

用家可於 Ameca 安裝各種人工智能軟件，以進行測試。

▼情況就好像要測試各種電腦程式時，就需要一部電腦及其他相關裝置。

▼若要測試一些人工智能軟件，就需要一部機械人。用 Ameca 就可勝任這項工作。

Credit: Engineered Arts

Engineered Arts 的工作人員認為人工智能硬件受到忽視，因此他們製造 Ameca，希望可幫助科學家開發更先進的人工智能軟件。

香港中文大學
生物及化學系客席教授
曹宏威博士

曹博士信箱 Dr. Tso

Q1 老花和遠視有甚麼不同？

余頌晴

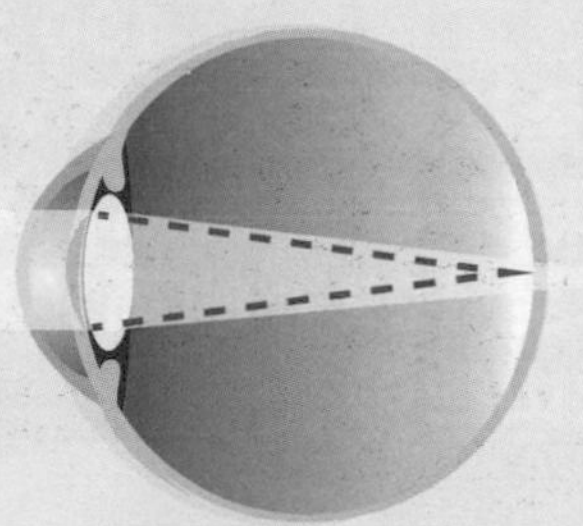

◀老花一般是老化所致，通常是晶體有問題，不能調節，導致近物的光線折射不足，不能聚焦在視網膜上。

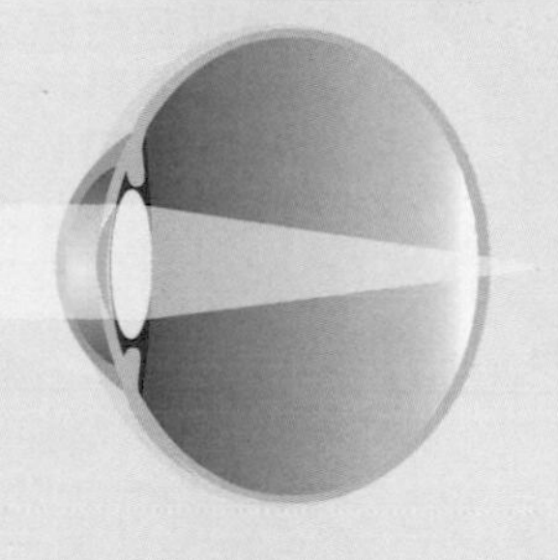

◀遠視一般是先天問題，通常是眼球長度過短，導致近物的光線不能聚焦。

老花和遠視這兩個名詞都描述視力失常。它們的徵狀十分相近，都是眼睛看遠物還算清晰，而看近物則模糊。不過，兩者成因卻大不相同。

遠視是眼球過短（和近視相反）而導致看近物模糊。幼童的眼球因仍在成長中，通常都過短，要到三歲後才逐漸會成長到正常範圍。如果長大後仍有遠視，就可能是家族遺傳所致。

另外，當我們年紀老邁，眼睛的晶體便開始老化，這種病態有時四十歲就已開始。晶體的彈性不及年輕時那麼好，較難變焦，看眼前近物時就會變得模糊，結果毛病跟遠視一樣（但不一定看遠物就看得清）。這種隨年紀而出現的近距離視力衰退症，稱為老花。

Q2 為什麼沒了太陽的能量，地球全部生物都會死亡？

劉越

在我們可見的將來，太陽突然失去能量或者突然失去太陽的可能性都不存在。不過，我們也可以推演一下在此情況下，地球生物會發生甚麼變化。

太陽「幾乎」是地球上所有能量的來源，它除了帶來溫暖（熱能），其光能更是植物生長所必需的動力。植物要有光能才可產生光合作用，將二氧化碳製成碳水化合物，釋出氧氣，支撐所有生物的存活。

因此，失去太陽能量，生物就不會繼續生存，除非另有可替代的維持生命的能源出現！

這類能源不是沒有，卻是散落、凌亂、不易用上。人類還可以吃原本收成的穀物、飼養的牲畜，喝水塘的存水，不會一天立刻變成餓殍。不過，植物不生，動物餓死，我們人類還向哪裏找食物謀生呢？是不是很像上一輩人童歌所唱的「全無生計，用得幾年」呢？這不就等如說，所有生物經過一段時間後都會逐漸死去，卻欠新生命出現，於是生命的滅絕，是遲早的事。

▲所有生物的食物，歸根究底，都來自太陽。

為鼓勵讀者多思考多發問，編輯部將向被選中刊登問題的讀者寄出紀念品一份！

地理

彩虹溫泉的奧妙

美國黃石國家公園的「大稜鏡溫泉」，泉水呈現多種顏色，故有「彩虹溫泉」的美譽。整個泉池直徑接近100米，最深達49米，乃全球第三大溫泉。

泉中的繽紛色彩來自多種細菌和藻類，它們能在45至122℃的高溫環境生存，常見於活火山地帶。

黃石國家公園有一座活火山，熔岩在地底流動，令地層和地下水受熱。當地下水湧出地面，便形成溫泉。

大稜鏡溫泉中心為泉水湧出口，泉底接近地熱，因此溫度最高。那裏幾乎沒有微生物生存，故泉水中央大多為清水，呈現藍色。

藍色
87.2℃

為何清水是藍色？這跟海洋是藍色的光學原理相同，詳情可閱第199期「地球揭秘」！

青色至橙黃色
68至74℃

這範圍含有肉眼看不到的細菌聚球藻。它能在這種高溫環境下勉強生存。雖然那不是植物，但亦含有葉綠素，故呈綠色。

不過，到了夏季，聚球藻便會轉色。這是因為在太陽猛烈照射下，它會產生橙黃色的類胡蘿蔔素作為防曬劑及抗氧化劑，令池水呈現橙黃色。

甚麼？葉綠素不是植物才有嗎？原來細菌也有？

大部分藻類和一些細菌要靠葉綠素去進行光合作用並產生養分。

天然色素：類胡蘿蔔素

它們存在於微生物和動植物中，種類超過 750 種，在不同環境下可呈現黃色、橙色或紅色。紅蘿蔔、芒果、蜜柑、枇杷等蔬果都含類胡蘿蔔素。

植物防曬劑

類胡蘿蔔素能吸收有害的紫外線。以植物為例，若陽光太強，其紫外線會損害葉綠素，而類胡蘿蔔素就能夠防止葉綠素「曬傷」。

除了聚球藻外，這區域也含有席藻、顫藻和綠彎菌。這些菌類含有橙黃色的類胡蘿蔔素。

橙黃色
65℃

紅棕色
55℃

溫泉最外圍佈滿微生物「異常球菌 - 棲熱菌」。那又稱作嗜熱菌，能產生紅色的類胡蘿蔔素。

棲熱菌活躍於 50 至 75℃ 的環境，常見於活火山口周圍。

跨界別生物：藻類

以上提及的「藻」都是微生物，符合細菌的單細胞特徵。

至於在海洋常見的大型海藻則屬多細胞生物，就不算是細菌了。

那麼，藻究竟是細菌還是植物呢？生物學界也爭議過這問題，答案是兩者皆非。

因為有些藻類同時符合細菌和植物的部分特徵，不能完全歸入其中一邊，故目前藻類獨立成一類。

裙帶菜
屬於大型藻類
Photo by CSIRO / CC BY 3.0

食用藻類

紫菜和髮菜分別屬於紅藻和藍藻，而熬煮日式火鍋湯底的昆布（海帶）則屬於褐藻。另外，左圖的裙帶菜也是一種褐藻。

數學偵緝室 數學

大偵探福爾摩斯 小兔子捕鼠任務

「嘻嘻！有口福了！」小兔子抱着一袋香噴噴的曲奇説。

每次少年偵探隊幫忙查案或當**跑腿**，福爾摩斯都會打賞一個金幣作**報酬**，但今早小兔子卻嚷着要吃**曲奇**。大偵探以為他只是想買零食，便一口答應，豈料他要的曲奇出自一家**名貴糕餅店**，一袋比一頓晚飯還要貴幾倍！

「唉，沒想到你這麼懂得吃，看來我這個月又要**拖欠房租**了。」福爾摩斯一邊**抱怨**，一邊跟小兔子離開糕餅店，豈料一踏出店門——

「哇呀—！」

「老鼠呀！」

尖叫聲此起彼落，一大群**老鼠**在大街上**四處亂竄**，群眾左閃右避，場面混亂不堪！

更糟糕的是，幾隻老鼠突然跳到小兔子身上，他被嚇得**雙手一鬆**，整袋曲奇應聲掉到地上，旋即被老鼠們**叼走**。

「可惡！還我曲奇呀！」小兔子**惱怒**地追趕，但老鼠們跑得更快，眨眼間已消失了。

「為何突然出現這麼多老鼠？」福爾摩斯感到奇怪之際，卻**瞥見**糕餅店對面的**名錶專門店**不斷有老鼠奔出，他於是想橫過馬路看個究竟。

突然，幾個**大漢**拿着手提箱從名錶店**奪門而出**，並迅速鑽進在門口接應的**馬車**中。

「快走！」一聲令下響起，馬車全速向街尾飛馳而去。

「**打劫呀！打劫呀！**」這時，一個店長似的胖子從名錶店衝出，向着**絕塵而去**的馬車大叫。

福爾摩斯見狀，火速**截停**一輛剛好經過的馬車，叫道：「快追前面那輛馬車，追到的話，賞你兩個金幣！」

「真的？」馬車夫大喜，「包在我身上！」説完，他把馬鞭一揮，馬車瞬間**全速開動**，直往賊車逃走的方向追去。

「喂！這麼急，要去哪？」

「**哇！**」福爾摩斯被**突如其來**的叫聲嚇到了。他往旁一看，發現小兔子竟坐在他的身旁。

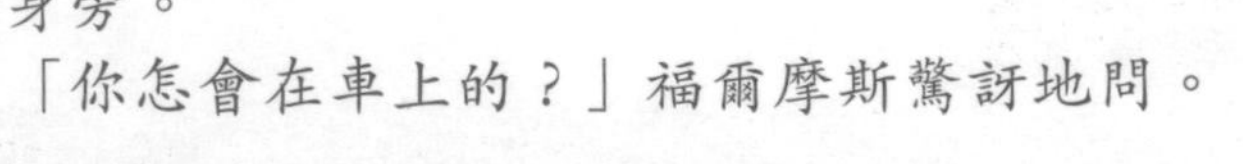

「你怎會在車上的？」福爾摩斯驚訝地問。

「哈哈，你從**左邊**的門上車，我就從**右邊**的門上啦。」小兔子**嬉皮笑臉**地說，「看你趕得這麼急，當然要跟着來看看啊。」

「我正在追蹤劫匪，很危險啊！你快下車吧。」福爾摩斯說完，又馬上**改變主意**，「算了，現在停車的話，就沒法追上賊車了。」

「賊車？甚麼意思？」

「糕餅店對面的**名錶店**在混亂中被賊人**打劫**，劫匪就在前面那輛賊車上。」

「我懂了，那些賊在**趁火打劫**。不，是趁『鼠』打劫！」

「現在不是開玩笑的時候呀。記住，我們正在跟蹤劫匪，絕不能**輕舉妄動**。」福爾摩斯**千叮萬囑**，「先弄清楚賊巢在哪裏和匪幫人數，然後再報警。懂嗎？」

「遵命！」小兔子興奮地敬了個禮。

半個小時後，兩人的馬車跟着賊車，來到一棟簡陋的平房前停下。看來，這裏就是賊黨的**巢穴**。二人躲在窗外，想偷看屋內情況，可是窗簾被關上了，看不到賊黨的人數，只聽到有好幾個聲音在**七嘴八舌**地談論如何分配贓物。

「看這塊懷錶上的**寶石**，多大顆！」

「那顆寶石最大，即是最貴吧？你拿了這塊懷錶，就不能拿其他了。」

「等等，寶石有不同種類，價值並非只取決於大小啊。」

「是嗎？你們誰懂得**鑑定**懷錶和寶石？」

「誰也不懂吧！」

「這樣吧，既然懷錶的大小相近，就把懷錶放在布袋中，每人**隨機**抽出相同的數目，按數量**平分**。如何？」

「好吧！」

「那麼，**每人平均分5塊**懷錶吧！」

房內傳來窸窸窣窣的聲音，然後有人說：「**還欠7塊**錶才能平均分完啊！」

「那麼，就**每人4塊**吧！」

又是一陣窸窸窣窣的聲音，另一個人說：「現在**多出3塊**懷錶，這些又歸誰啊？」

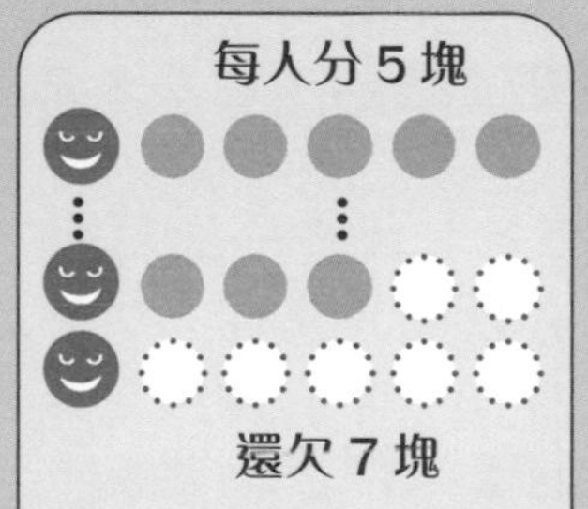

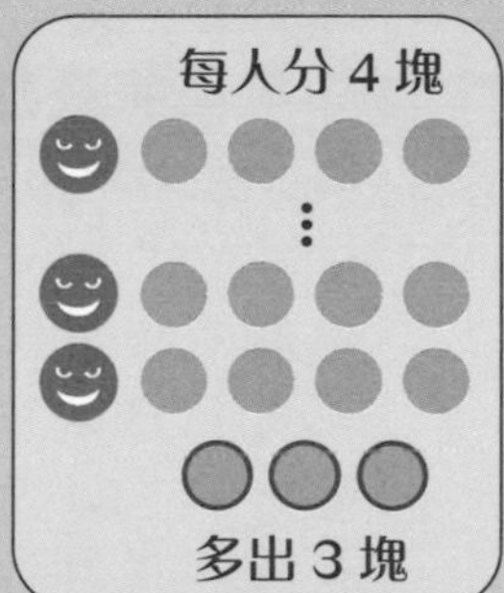

屋內的賊黨再次爭論不休。

難題①：
你知道賊人和被劫懷錶的數量嗎？這涉及2個未知數，你可將賊黨人數設成A，把懷錶總數設成B，再根據賊人的對話，列出2條方程式。
不懂的話，可看p.57。

福爾摩斯輕聲說：「小兔子，你快去找**李大猩**他們，請他帶夠人馬來捉賊，記得要告訴他賊黨共有……」福爾摩斯在小兔子的耳邊交代了**賊黨的人數**和**懷錶的數量**。

「原來他們有這麼多人！你是怎樣知道的？我完全聽不出來呢。」

「少囉嗦，快去吧！」

半小時後，蘇格蘭場的李大猩就帶同數十名部下趕到，把賊黨**一網打盡**，來個**人贓並獲**。

「我要**兩袋曲奇**！」在回程的馬車上，小兔子忽然攤大手掌，向大偵探說。

「甚麼兩袋曲奇？」

「我報警有功，不用**打賞**嗎？」

「一袋吧。」

「不行，要兩袋，其中一袋是賠償被老鼠搶走的呀。」小兔子**討價還價**。

「算了、算了，要是糕餅店仍有**存貨**的話，就送你兩袋吧。」福爾摩斯無奈地答允了。

當他們回到那家**糕餅店**一看，發現店門和窗户都**關上**了。而且，店子外面還被警方的**封條**包圍着。他們還看到蘇格蘭場的**狐格森**正和幾個警員守在店外，不准途人靠近。

「狐格森先生，怎麼把糕餅店封了？」小兔子問。

「名錶店的老鼠大多逃進了這家糕餅店，為免影響其他店鋪，就暫時把它**封**了。」狐格森說。

「對了，為何名錶店會跑出那麼多老鼠呢？」福爾摩斯問。

「據名錶店店長說，有幾個劫匪**假扮顧客**進入店鋪，他們打開手提箱放出老鼠，在製造混亂後**乘機打劫**！所以，那些老鼠其實是劫匪打劫用的道具。」

「原來如此。」

「幸好剛才李大猩已把賊黨**一網打盡**，還起回全部失去的懷錶呢。」福爾摩斯說。

「懷錶店雖然沒有損失，但這家糕餅店就**慘了**。」狐格森指向一名坐在牆邊男子說，「他是糕餅店的店長，老鼠**污染**了店鋪，又在店中亂竄，他只好把店封了。」

「唉……」經理抱着頭深深地歎氣，「完蛋了……」

「叔叔！提起精神來！全倫敦都知道你的曲奇很好吃！清理老鼠後，一定會有很多人來光顧的！」小兔子上前安慰。

「經理先生，我十分佩服你**毅然**封鋪，可否讓我助你**一臂之力**？」福爾摩斯走過去，把手搭在經理的肩上說，「我有一種**毒氣彈**，丟進鋪中，只需 10 分鐘就可殺光老鼠。」

「唉……事情沒這麼簡單啊！」經理**垂頭喪氣**地說，「我跟一位客户簽了約，要在今天黃昏前交付 **1000 塊**曲奇，就算殺光老鼠也要花時間清潔，重新採購材料又起碼要**兩天**……交不出貨的話，就要賠錢了……」

「我知道貴店在附近還有幾家**分店**，可否請分店幫忙烤製呢？」福爾摩斯問。

「除了我這間店外，還有**5間分店**，可是……唉……」經理抱着頭說，「各家分店也有自己的訂單，不能突然**提高產能**啊。」

福爾摩斯想了想，問：「你們是連鎖店，每間產能都**一樣**吧？請問烤製一塊曲奇要花多少時間？」

「不是逐塊計的，我們每**15分鐘**可烤製**50塊**曲奇。」

「是嗎？那麼，每間分店**午飯休息**由幾點至幾點？」

「由**1點至2點**。」

難題②：
5家分店須合共烤製1000塊曲奇，每家分店15分鐘可烤製50塊，5家分店共需多少時間烤製？它們能趕得及在黃昏前完成嗎？答案在本頁下方。

「太好了！」福爾摩斯說，「現在是**11點**，你馬上去叫5間分店**取消午飯時間**全速烤製曲奇，只要他們答允，就能趕得及完成訂單了！」

「呀！怎麼我沒想到呢。沒錯！只要用午飯時間趕製，就一定趕得及！我真是的，居然慌張得**不知所措**。」經理頓時**笑逐顏開**，「我馬上去通知各分店。先生，你剛才說能**滅鼠**吧？勞煩你了！」

語畢，經理**一溜煙**似的跑走了。

「那麼，我那兩袋曲奇怎辦？」小兔子問。

「改天再買給你，現在回家取毒氣彈滅鼠，沒你的事了，**滾！滾！滾！**」福爾摩斯趕小兔子離開。

「等等！站住！」狐格森喝道，「**鼠不能滅**，你們也不能走。」

「甚麼？為何鼠不能滅？」

「老鼠是劫匪放的，換句話說，就是行劫的工具，是**證物**。」狐格森舉起一個小鐵籠說，「我們不能破壞證物，所以必須活捉！你們一起來幫手**捉老鼠**吧！」

聞言，兩人雙腿一歪，「啪噠」一聲齊聲摔倒在地。

答案

難題①：

先設 A = 總人數，B = 懷錶總數。根據賊黨的對話，可列成以下兩條方程式：

1. 如每人分5個懷錶，欠7個才能平分，即5 x A的數量再少7個便是懷錶總數，這可寫成 $5 \times A - 7 = B$；
2. 如每人分4個懷錶，則會多出3個，即4 x A的數量再加3個便是懷錶總數，這可寫成 $4 \times A + 3 = B$。

因兩條方程式的答案B = 懷錶總數相等，可合成以下一條方程式，計算A的值：

$$5 \times A - 7 = 4 \times A + 3$$
$$5A - 7 + 7 = 4A + 3 + 7$$
$$5A = 4A + 10$$
$$5A - 4A = 4A + 10 - 4A$$
$$A = 10$$

所以，總人數是10人。

把A = 10代入 $4 \times A + 3 = B$，可得：

$$4 \times 10 + 3 = B$$
$$40 + 3 = B$$
$$43 = B$$

所以，懷錶總數是43個。

註：在代數中，如要乘以未知數，可省略乘號，如 C x D 可寫成 CD。

難題②：

5家分店平分1000塊曲奇產量，即每家分店要烤製 1000 ÷ 5 = 200 塊曲奇。而每家分店烤製50塊曲奇需時15分鐘，烤製200塊的話，就是50塊 x 4倍 = 200塊。因此，需要的時間也須乘大4倍，即15分鐘 x 4倍 = 60分鐘。所以，5家分店烤製1000塊曲奇，合共需60分鐘 × 5倍 = 300分鐘（5小時）。

不過，由於5家分店都是在午飯時間（1:00 ~ 2:00）同時烤製，故只需60分鐘（1小時）就能烤製完畢，完全可在黃昏前完成任務。

KC 天文教室

機械臂助建天宮

梁淦章工程師
香港天文學會

太空歷奇

「天和」核心艙外置的機械臂是「天宮」太空站的大力士，「大臂」展開時長度為 10 米，能承戴 25 噸重量。稍後升空的「問天」實驗艙置有「小臂」，臂長 5 米。大小兩臂可各自獨立運作，也可接駁成約 15 米長的單臂工作，是建構「天宮」不可或缺的好助手。

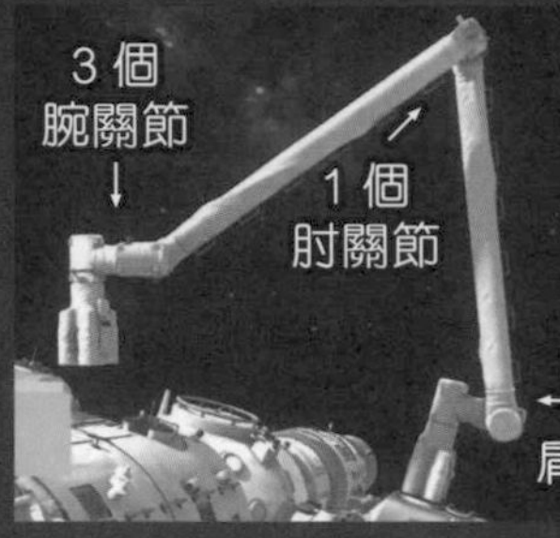

▲機械臂共有 7 個關節，10 套「控制電腦」，能像人的手臂般自由活動。

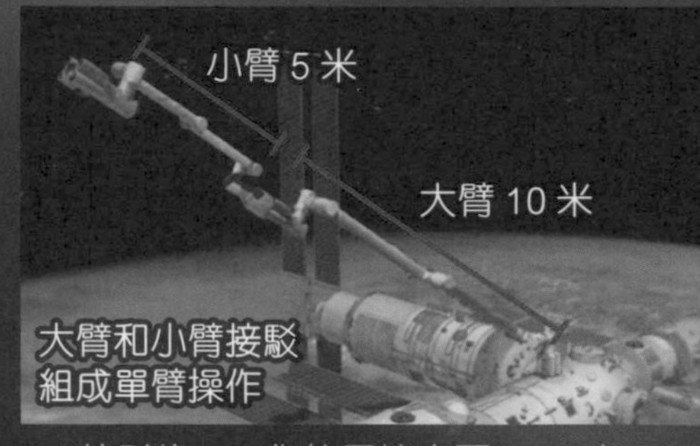

▲接駁後，工作範圍擴大至 14.5 米。

機械臂結構圖

肩部和腕部功能相同，末端執行器加上輔助工具就可執行多樣工作。

←末端執行器
←肩部相機
肘部相機
腕部相機→
←末端執行器
------ 關節轉軸

▼太空站各個艙段的外圍（核心艙、實驗艙、神舟、天舟）均設置駐錨點，供機械臂的末端執行器抓緊固定。

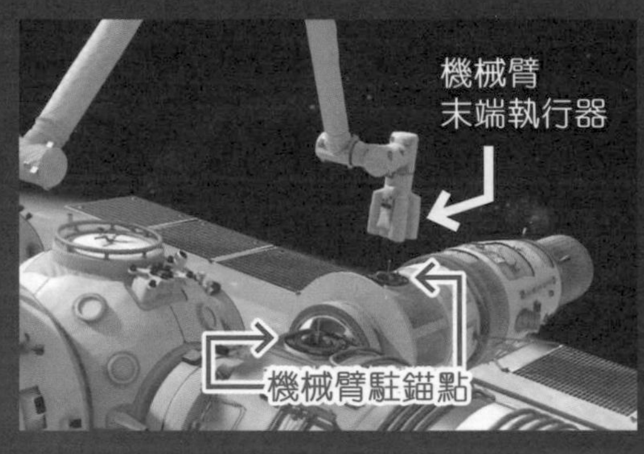

機械臂主要功能

▼艙段轉移對接功能——兩個實驗艙體形龐大，姿態控制只可與核心艙在前方交會對接。之後就要靠機械臂把實驗艙由前方對接口轉移至側方對接口，是組建太空站的重要環節。

▼爬行功能——機械臂可隨意爬行到不同艙段外工作。爬行時，腕部末端執行器抓緊一個駐錨點，轉為肩部作支撐點，讓原先的肩部轉為腕部，離開原來位置向目標方向前行。

輔助太空人出艙活動

▶腕部末端執行器裝上工作台後就可安全平穩地把太空人送到目標艙外位置工作。

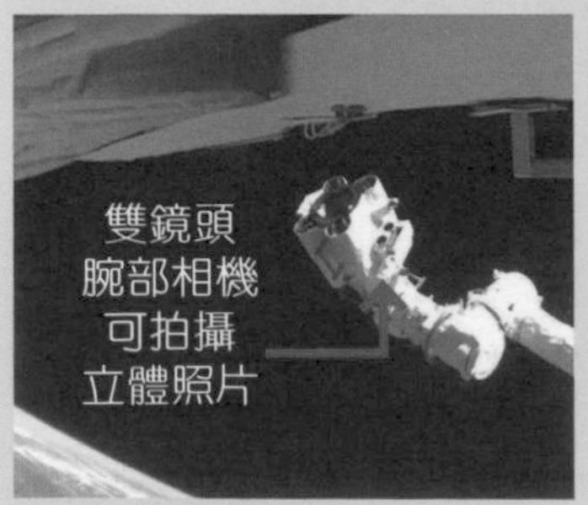

艙外狀況監視與檢查

◀腕部末端執行器設有左右兩個鏡頭的相機，模仿人的雙眼，拍攝立體照片。機械臂可遊走艙外每處以監視與檢查狀況。

機械臂 DIY

材料及製作步驟：

1. 準備紙飲管 2 條，按圖 1 剪成不同長度的管段。
2. 準備 8 mm x 45 mm 的紙條共 6 條，按圖 2 把紙飲管作直徑，捲兩圈成紙圈，用白膠漿黏固紙圈，然後拿走飲管。再把紙圈黏到飲管 1a、1b、2a、2b、4a 和 4b 上作為關節。
3. 準備 17 mm x 295 mm 的紙條共 2 條，捲在 3a 紙飲管一段，用白膠漿黏固，作為末端執行器。
4. 參考圖 3，在飲管 4a 和 4b 的一端用針開小孔，用牙籤穿過小孔，作為肘關節。
5. 按以下組合圖拼砌。把飲管套入紙圈（不要塗白膠漿）作關節轉動。用雙面膠紙把一端黏固在桌面作為肩部，另一端也用雙面膠紙抓取物件。轉動那 7 個關節，瞭解機械臂如何像人的手臂在任何方向自由移動。

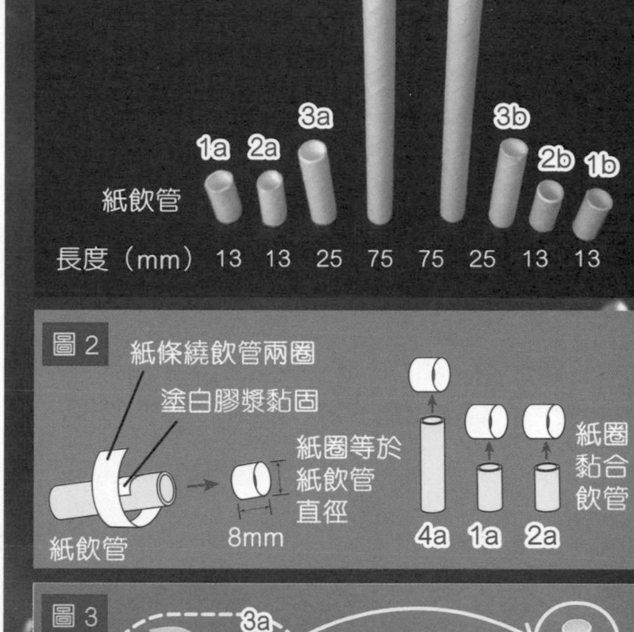

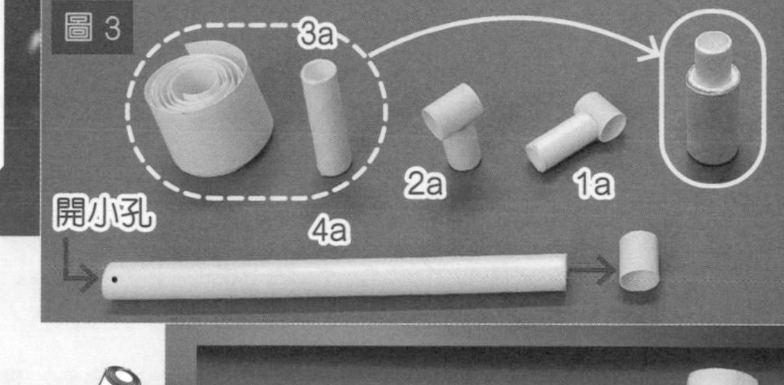

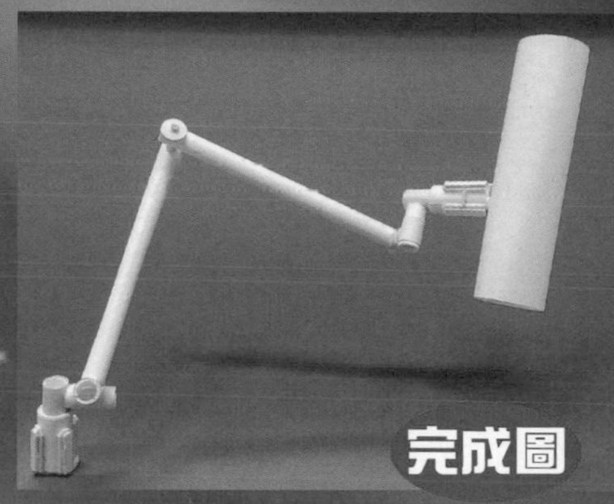

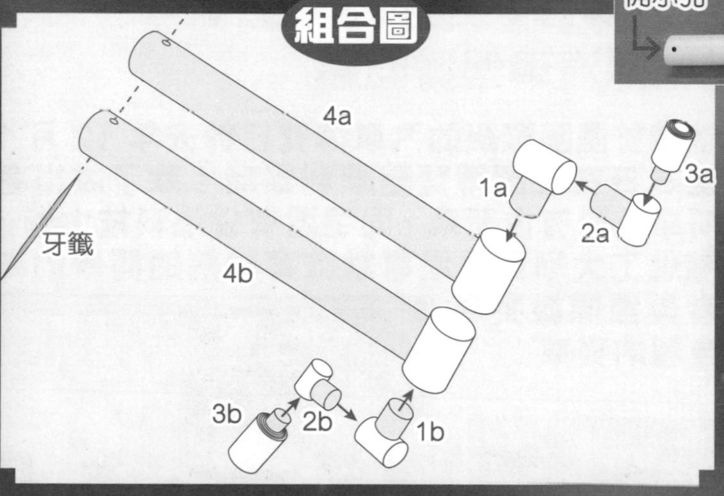

完成圖

「天宮」太空站 2022 年完成組裝

按計劃，「問天」和「夢天」實驗艙在 2022 年中及後期相繼發射。機械臂負責抓着龐大的實驗艙，並把它轉移到兩側的對接口，完成組裝，便可進入運營研究階段。預料「巡天」光學艙在 2024 年發射，便正式完成第一期的「天宮」太空站計劃。

香港太空館專題展覽

鋭眼探穹蒼——詹姆斯・韋布太空望遠鏡

最新的詹姆斯・韋布太空望遠鏡預計飛抵距離地球 150 萬公里的 L2 軌道後，正式投入使用。香港太空館亦於這段期間舉辦展覽，介紹這具望遠鏡的任務及所使用的技術，同場亦會展出伽利略望遠鏡仿製品。

地點：**香港太空館大堂**

展覽日期：
即日至 2022 年 5 月 30 日

免費參觀

詳情請參閱香港太空館網頁：

捕捉「STEM 名車」！

首屆香港國際汽車博覽回顧

香港首個國際級的汽車博覽已於去年 12 月 1 日至 5 日在亞洲博覽館順利舉辦！除了展出名貴新車及稀有古董車，同場還有香港科技大學、香港理工大學及香港專業教育學院的同學們為了參與國際級賽事而自製的賽車！

香港科技大學（上）及香港理工大學（右）的同學為了參加國際級的Formula Student比賽而組裝的賽車。

▲為了行走大嶼山而特別設計的雙層巴士，吸引了不少大小朋友觀看！

◀香港專業教育學院的同學在 2019 年的 World Solar Challenge 中，憑着這部由他們組裝的太陽能車 Sophie 6s 奪得季軍。

◀現場除了可看到不少車款，部分汽車展品更可讓人一探其內部構造！

科學Q&A
第一百二十九話
危險的午餐
漫畫◎李少棠　上色協力◎周嘉詠
劇本◎《兒童的科學》創作組

嗚呀！
怎麼了？
不……不能……
呼吸……
醫療精靈
登場！

快看看
小松！
好的！

這是……！

是食物敏感！
要立刻治療！

啪！

幸好及時處理，
我已為他注射腎上腺素，
休息一會就沒事了。

嗚……

小松，
你今天吃了甚麼？
快說！
甚麼？

食物敏感
可大可小，
甚至會致命！
所以我必須
知道更多！
哎？
食物敏感
不是只會
令人腹瀉嗎？
怎會這麼
嚴重？
肚痛和腹瀉
只是一種輕微的
食物過敏症狀。
食物過敏（food intolerance）
源自一些人的消化系統
有輕微缺陷，未能消化
某種營養如乳糖、麩質等。
當他們吃下那些
不能消化的食物，
就會嘔吐、腹瀉等，
較嚴重的也會有頭痛
及出現紅疹等症狀。
Milk
不過這種過敏
不會構成生命危險，
只需儘量避免進食
引起過敏的食物即可。
順帶一提，
那些會引發過敏的物質
就稱為過敏原。
「這種」不會
構成生命危險？
難道……
對！剛才發生
在你身上的是
另一種敏感症狀，
有機會引致死亡！
不是
吧？

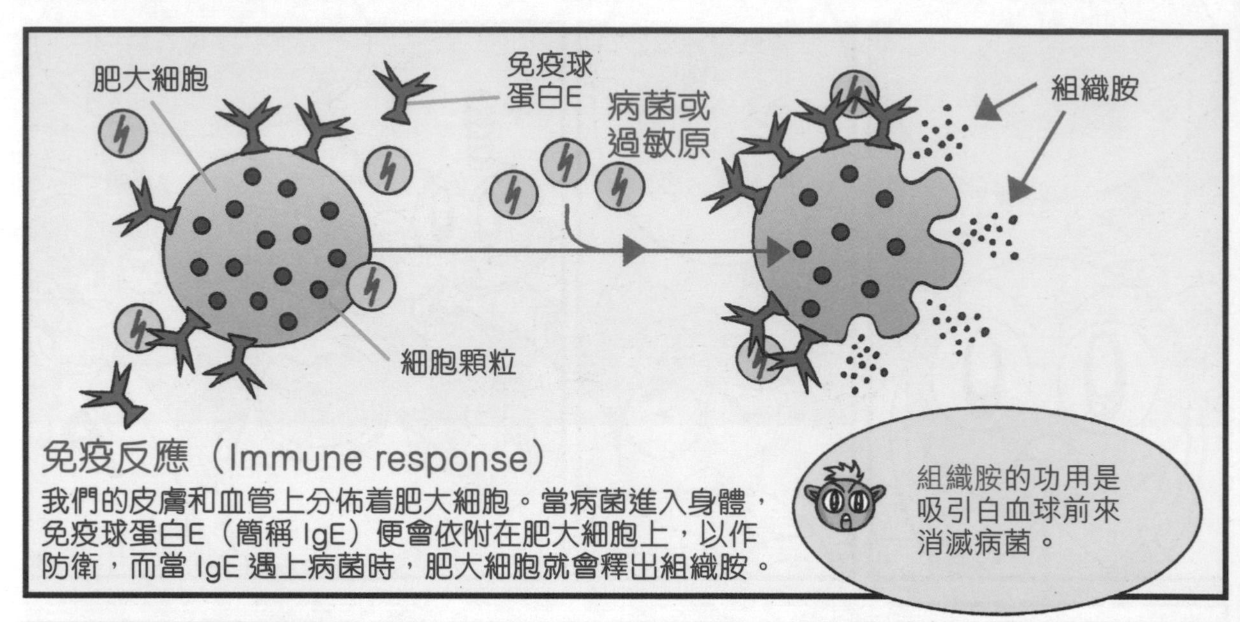

免疫反應（Immune response）

我們的皮膚和血管上分佈着肥大細胞。當病菌進入身體，免疫球蛋白E（簡稱 IgE）便會依附在肥大細胞上，以作防衛，而當 IgE 遇上病菌時，肥大細胞就會釋出組織胺。

組織胺的功用是吸引白血球前來消滅病菌。

食物敏感（food allergy）

患者的免疫系統把某種營養（過敏原）誤認成病菌，作出上述的免疫反應，並且釋出過多的組織胺。

組織胺會造成皮膚發癢、紅腫、流鼻水和氣管收縮等副作用。
輕微不適能警告人體遠離危險並接受治療，但過多的組織胺會令患者窒息甚至昏迷，若不及時醫治，便有機會死亡。

我今早遇到了
Mr.A……
小松！
MR.A
你在這裏
幹甚麼？
運貨！
我正在運送
一些好吃的
東西，
要試試嗎？
好吃的
東西？
我免費
送一個給你吧，
保證一試難忘！
來，這就是A星
著名的美食……

A胡桃！
我將會開一間
A胡桃餐廳，
你記得向朋友
推介一下！
噢……
哦……
剛才我
吃了一口後，
就覺得很
辛苦……
就是它！A胡桃是
A星常見的過敏原啊！
那是過敏原？
對，我肯定
你吃了A胡桃
才出現過敏症狀。

幸好醫療精靈
及時為你注射
腎上腺素，
幫你減輕症狀。
謝謝你救了我，
原來那叫
腎上腺素呢。
對於食物敏感
患者來說，
那種急救針
是必須隨身
攜帶的啊。
腎上腺素是一種激素，
在醫療中有廣泛用途。
注射腎上腺素可刺激心臟
活動，令心、肝血管擴張及
皮膚血管收縮。
除了過敏性休克，
哮喘和心臟驟停也可以
透過注射腎上腺素，
作為緊急舒緩措施，
大幅增加患者的
存活率。
等等，
你說Mr.A要拿
A胡桃去賣？
對呀。
我們要立刻阻止他！
噠噠噠……

嘿嘿，想不到
我這麼聰明！
A胡桃
A胡桃
A胡桃
A胡桃在A星非常普遍，
但沒人去吃。
但我運來地球，
只要包裝一下就
肯定能賣個好價錢，
真是無本生利啊！
A胡桃
A胡桃
A胡桃
Mr.A！
又是你們？
A胡桃早被列為主要過敏原，
出口已受嚴格限制的！
A胡桃

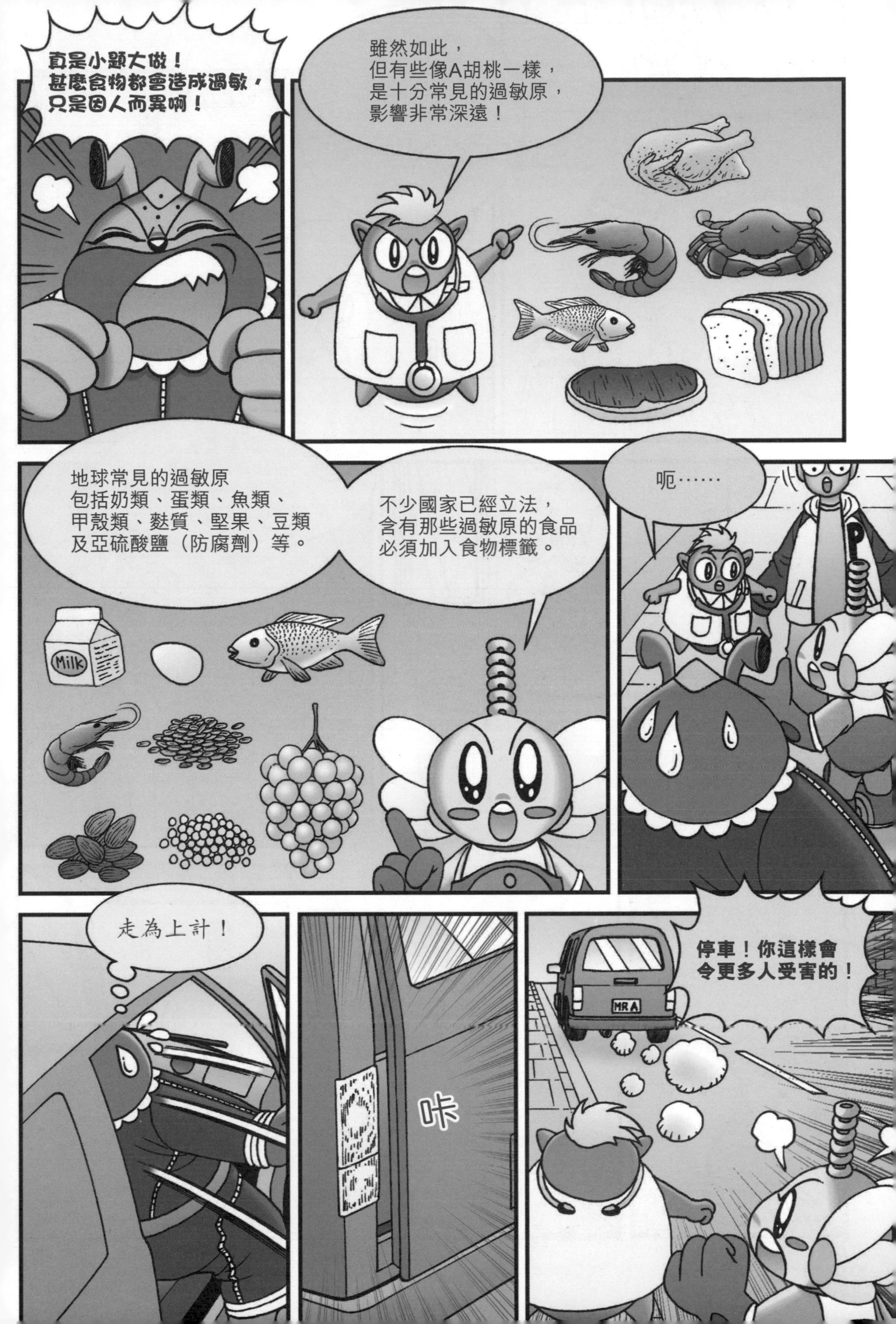
真是小題大做！
甚麼食物都會造成過敏，
只是因人而異啊！
雖然如此，
但有些像A胡桃一樣，
是十分常見的過敏原，
影響非常深遠！
地球常見的過敏原
包括奶類、蛋類、魚類、
甲殼類、麩質、堅果、豆類
及亞硫酸鹽（防腐劑）等。
不少國家已經立法，
含有那些過敏原的食品
必須加入食物標籤。
Milk
呃……
P
走為上計！
咔
MRA
停車！你這樣會
令更多人受害的！

為何小Q會
這麼着緊？
因為有
食物敏感的人
若接觸到過敏原，
即使少量也會
引發症狀！
當廚師曾用廚具
烹調了含過敏原的食物，
即使只留下微量殘留物
也能引發過敏症狀！
如果患者的
過敏程度嚴重，
甚至只碰觸過敏原
也會致命啊！
竟然這麼
嚴重！
快追上了！
所以有
食物敏感的人
用餐時要特別
小心啊。
MRA

尤其是光顧餐廳時，
必須跟員工清楚説明，
避免不必要的意外！
Menu

還有很多
值得留意的
事情……
MR A

我快追上了，
你們先靜一下
好嗎？

咔

糟糕，貨箱掉出來了！
不能讓地球人
接觸到A胡桃呀！
MR A

嗖嗖……

砰！
喝呀！
嘭！
嗚……
唔？
哇！
啪嘞啪嘞……
你知道這樣會
害死人的嗎？
太過分了！
我又沒食物敏感，
怎知道這麼
嚴重……
這些A胡桃
不能留在這裏，
既然你沒敏感，
就負責把它們
全吃掉吧！
甚麼？
我不喜歡
吃呀！
剛才怎麼了？
～完～

兒童的科學 NO.201

請貼上
HK$2.0郵票
只供香港
讀者使用

香港柴灣祥利街9號
祥利工業大廈2樓A室
兒童的科學 編輯部收

有科學疑問或有意見、
想參加開心禮物屋，
請填妥問卷，寄給我們！

大家可用
電子問卷方式遞交

▼請沿虛線向內摺

請在空格內「✔」出你的選擇。

我購買的版本為：01☐實踐教材版 02☐普通版

*給編輯部的話

*開心禮物屋：我選擇的禮物編號

*我的科學疑難/我的天文問題：

*本刊有機會刊登上述內容以及填寫者的姓名。

有關今期內容

Q1：今期主題：「立體塑像知識大探索」
03☐非常喜歡 04☐喜歡 05☐一般 06☐不喜歡 07☐非常不喜歡

Q2：今期教材：「立體針板畫」
08☐非常喜歡 09☐喜歡 10☐一般 11☐不喜歡 12☐非常不喜歡

Q3：你覺得今期「立體針板畫」容易使用嗎？
13☐很容易 14☐容易 15☐一般 16☐困難
17☐很困難（困難之處：＿＿＿＿＿＿＿＿）18☐沒有教材

Q4：你有做今期的勞作和實驗嗎？
19☐膠圈彈力火箭發射台 20☐實驗：亞龜禪師與流沙實驗

請沿實線剪下

請沿實線剪下

問 卷

請以膠水封口

讀者檔案

#必須提供

#姓名：	男 女	年齡：	班級：
就讀學校：			
#居住地址：			
	#聯絡電話：		

你是否同意，本公司將你上述個人資料，只限用作傳送《兒童的科學》及本公司其他書刊資料給你？（請刪去不適用者）
同意/不同意 簽署：________________ 日期：________年______月______日
（有關詳情請查看封底裏之「收集個人資料聲明」）

請以膠水封口

讀者意見

A 科學實踐專輯：立體美術展覽
B 海豚哥哥自然教室：鮮豔的普通翠鳥 是捉魚能手
C 科學DIY：膠圈彈力火箭發射台
D 科學實驗室：亞龜禪師與流沙實驗
E IQ挑戰站
F 大偵探福爾摩斯科學鬥智短篇：魔犬傳說（3）
G 讀者天地
H 科學快訊：建築也環保：低碳水泥
I 誰改變了世界：天涯若比鄰 貝爾
J 科技新知：栩栩如生的人形機械人Ameca
K 曹博士信箱：老花和遠視有甚麼不同？
L 地球揭秘：彩虹溫泉的奧妙
M 數學偵緝室：小兔子捕鼠任務
N 天文教室：機械臂助建「天宮」
O 活動資訊站
P 科學Q&A：危險的午餐

＊請以英文代號回答**Q5**至**Q7**

Q5. 你最喜愛的專欄：
第 1 位 21________ 第 2 位 22________ 第 3 位 23________

Q6. 你最不感興趣的專欄：24________ 原因：25________

Q7. 你最看不明白的專欄：26________ 不明白之處：27________

Q8. 你從何處購買今期《兒童的科學》？
28☐訂閱 29☐書店 30☐報攤 31☐便利店 32☐網上書店
33☐其他：________

Q9. 你有瀏覽過我們網上書店的網頁www.rightman.net嗎？
34☐有 35☐沒有

Q10. 你最近逛過哪些實體書店或網上書店？（可選多於一項）
36☐商務印書館 37☐中華書局 38☐三聯書局 39☐誠品書店
40☐田園書屋 41☐榆林書店 42☐樂文書店 43☐金石堂
44☐博客來 45☐Amazon 46☐Book Depository
47☐一本My Book One 48☐HKTVmall
49☐香港書城Hong Kong Book City 50☐正文社網上書店
51☐其他，請註明：________